本书由农业部"十二五"公益性行业（农业）科研专项资助出版
项目名称：草原主要毒害草发生规律与防控技术研究
项目编号：201203062

中国西部天然草地毒害草的主要种类及分布

尉亚辉　赵宝玉
魏朔南　刘咏梅　等　著

科学出版社

北　京

U0210064

内 容 简 介

中国拥有各类天然草地近 4 亿 hm^2，约占国土面积的 41.7%，是面积最大的陆地生态系统，在国家生态安全建设中占有举足轻重的地位。但是，长期以来，由于气候干旱、过度采挖、人口增多、草地超载过牧等自然和人为因素的影响，天然草地严重退化，导致草地植被覆盖度降低、植物种群结构改变、生物多样性减少、牧草产量下降、自然生态条件急剧恶化，以及毒害草蔓延和扩散。毒害草分布面积逐年增加，使牲畜毒害草中毒灾害多发、频发，甚至暴发，导致大批牲畜中毒，甚至死亡。这不仅造成严重的经济损失，同时对草地生态安全产生不良影响，动摇了农牧民对天然草地的信心，已成为困扰草地畜牧业可持续发展和农牧民增收的主要瓶颈。

本书是在项目组历时三年调查研究的基础上，对中国天然草地毒害草的种类、地理分布及灾害状况进行总结的成果。主要有三部分内容：第一部分是中国西部天然草地毒害草考察，目前调查清楚中国天然草地有毒有害植物有 52 科 165 属 306 种；第二部分是中国西部天然草地主要毒害草及伴生植物分类图谱，收录有毒有害植物图谱 301 幅；第三部分是中国西部天然草地主要毒害草分布及环境影响因子系列图。

本书可为草业、草地生态安全、草地畜牧业等领域的科学家、企业家、管理人员和关心草地生态安全的各界人士提供参考。

审图号：GS（2018）5587号

图书在版编目（CIP）数据

中国西部天然草地毒害草的主要种类及分布 / 尉亚辉等著. —北京：科学出版社，2018.11
ISBN 978-7-03-057535-7

Ⅰ.①中⋯　Ⅱ.①尉⋯　Ⅲ.①草原 - 毒草 - 概况 - 中国　Ⅳ.① S812.6

中国版本图书馆 CIP 数据核字（2018）第110303号

责任编辑：王玉时　孙　青 / 责任校对：彭　涛
责任印制：吴兆东 / 封面设计：迷底书装

科学出版社 出版
北京东黄城根北街16号
邮政编码：100717
http://www.sciencep.com

北京虎彩文化传播有限公司　印刷
科学出版社发行　各地新华书店经销

*

2018年11月第 一 版　开本：787×1092　1/16
2018年11月第一次印刷　印张：11 1/2
字数：273 000

定价：118.00元
（如有印装质量问题，我社负责调换）

《中国西部天然草地毒害草的主要种类及分布》

编 著 委 员 会

顾 问: 史 志 诚　西北大学生态毒理研究所

第九届国际有毒植物大会终身成就奖获得者

贠 旭 江　农业部全国畜牧总站

李 新 一　农业部全国畜牧总站

主 任: 尉 亚 辉　西北大学生态毒理研究所

第九届国际有毒植物大会特殊贡献奖获得者

副主任: 赵 宝 玉　西北农林科技大学动物医学院

第九届国际有毒植物大会贡献奖获得者

魏 朔 南　西北大学生命科学学院

刘 咏 梅　西北大学城市与环境学院

杜 桂 林　农业部全国畜牧总站

委 员（按姓氏汉语拼音排序）

安 沙 舟　新疆农业大学草业与环境科学学院

陈　　超　北京农林科学院草业与环境研究发展中心

次仁多吉　西藏自治区农牧科学院

达 能 太　内蒙古阿拉善左旗动物疫病预防控制中心

全国劳动模范

戴佳锟　陕西省科学院农业生物技术研究所

范　娜　商洛学院

傅艳萍　西北大学生命科学学院

郭　斌　西北大学生命科学学院

何　玮　西北大学生命科学学院

黄国发　青海省湟中县动物卫生监督所

靳瑰丽　新疆农业大学草业与环境科学学院

李国中　内蒙古阿拉善左旗动物疫病预防控制中心

　　　　阿拉善盟劳动模范

李京忠　许昌学院

刘　新　西北大学生命科学学院

刘　杨　西北大学生命科学学院

刘建红　西北大学城市与环境学院

路　浩　西北农林科技大学动物医学院

马青成　内蒙古阿拉善左旗吉兰泰农牧业综合服务中心

莫重辉　青海大学农牧学院

王　雷　西北大学城市与环境学院

王保海　西藏自治区农牧科学院

王德军　内蒙古阿拉善左旗腾格里经济开发区动物卫生监督所

王建国　西北农林科技大学动物医学院

王敬龙　西藏自治区农牧科学院

王庆海　北京农林科学院草业与环境研究发展中心

吴晨晨　西北农林科技大学动物医学院

武菊英　北京农林科学院草业与环境研究发展中心

张　寿　青海大学农牧学院

赵　婷　西北大学城市与环境学院

前　言　PREFACE

中国拥有天然草地近 4 亿 hm²，约占国土面积的 41.7%，是耕地面积的 3 倍、林地面积的 2 倍，其中可利用草地面积 3.31 亿 hm²，占草地总面积的 84.3%，居世界第二位。这些草地的存在，一方面支撑着该地区畜牧业的发展，另一方面也是生态建设的主要组成部分。有资料显示，中国 90% 的可利用天然草地不同程度地退化，30% 严重退化，且每年以 200 万 hm² 的速度递增，表现为局部改善而整体恶化的趋势。草地退化主要表现为沙漠化、荒漠化、毒害草化、盐碱化、虫鼠害化等，其中毒害草化是继荒漠化后第二大严重灾害。据不完全统计，中国天然草地毒害草危害面积约 3620 万 hm²，主要分布于西部省（自治区），对畜牧业造成严重危害的毒害草主要有豆科有毒棘豆（*Oxytropis*）和有毒黄芪（*Astragalus*）、瑞香科瑞香狼毒（*Stellera chamaejasme*）、禾本科醉马茇茇草（*Achnaterum inebrians*）、菊科紫茎泽兰（*Eupatorium adenophorum*）、毛茛科乌头（*Aconitum carmichaeli*）、菊科橐吾（*Ligularia sibirica*）、藜科无叶假木贼（*Anabasis aphylla*）和牛心朴子（*Cynanchum komarovii*），以及玄参科马先蒿属（*Pedicularis*）等，它们所占面积占毒害草危害总面积的 90% 以上。

在牧区，长期以来由于草场超载过牧、滥垦、滥挖等不合理利用，导致草地严重退化，优良牧草减少，毒害草滋生蔓延，草畜矛盾日益增大，客观上增加了家畜误食或采食毒害草的机会，使毒害草中毒的发生呈现上升趋势，毒害草甚至被称为草地的"绿色杀手"。特别是近几十年来，毒害草已在中国西部天然草地蔓延成灾，牲畜毒害草中毒呈现多发、频发，甚至暴发趋势，给当地牧民的生产、生活和社会经济带来极大的危害，成为制约西部草地畜牧业可持续发展的严重障碍。目前，毒害草对草地畜牧业发展构成的危害，已经由过去的低风险上升为目前的高风险状态，毒害草灾害发生的可能性增加，危险概率增高，经济损失巨大，政治影响深远。但由于中国对天然草地毒害草的种类、地理分布及灾害状况的数据不足，加之研究基础薄弱，这使得各级草地管理部门对毒害草的防控缺乏有效的治理技术和成熟配套措施，致使毒害草灾害日益严重。

2012年，在国家科技部和农业部的重视下，农业部"十二五"公益性行业（农业）科研专项"草原主要毒害草发生规律与防控技术研究"项目启动实施。该项目的启动为中国天然草地毒害草的种类、地理分布及灾害状况调查工作注入了强大的推动力。为了全面了解和掌握中国天然草地毒害草种类、地理分布及灾害状况，摸清中国天然草地毒害草危害家底，在项目经费的资助下，项目组在首席专家西北大学尉亚辉教授的带领下，分别于2012年6～8月、2013年6～8月和2014年6～10月在青海大学农牧学院、西藏自治区农牧科学院、内蒙古阿拉善左旗动物疫病预防控制中心和新疆农业大学草业与环境科学学院等协作单位的配合下，对西藏、新疆、青海、甘肃、宁夏、内蒙古、四川、河北、山西等省（自治区）天然草地毒害草的种类、地理分布、发生规律、牲畜中毒流行特点及灾害状况等进行了实地调查。通过现场考察，项目组全面掌握了西藏、内蒙古、青海、新疆、甘肃、宁夏、四川等省（自治区）天然草地不同草地类型主要毒害草的种类、分布，毒害草的发生规律，以及毒害草毒性灾害发生的基本情况。在此基础上，我们整理编纂了这本书。书中植物形态描述摘自《中国植物志》，在此表示感谢。

由于中国草原辽阔，我们不可能全覆盖，加之作者水平有限，书中存在不足和疏漏之处，敬请读者和同行专家提出宝贵意见。

著 者

2017 年 10 月 10 日

目 录 CONTENTS

第一部分 中国西部天然草地毒害草考察

中国拥有各类天然草地近 4 亿 hm^2，占国土面积的 41.7%，是面积最大的陆地生态系统，在国家生态安全建设中占有举足轻重的地位。但是，长期以来，由于气候干旱、过度采挖、人口增多、草地超载过牧等自然和人为因素的影响，使天然草地严重退化。导致草地植被覆盖度降低、植物种群结构改变、生物多样性减少、牧草产量下降、自然生态条件急剧恶化，而毒害草分布面积逐年增加。

特别是近年来，由于天然草地毒害草的蔓延和扩散，使牲畜毒害草中毒灾害呈现多发、频发，甚至暴发趋势，导致大批牲畜中毒，甚至死亡。不仅导致严重的经济损失，同时对草地生态安全产生不良影响，动摇了农牧民对天然草地的安全感，已成为困扰草地畜牧业可持续发展和农牧民增收的主要瓶颈。据不完全统计，中国天然草地分布的有毒棘豆、有毒黄芪、瑞香狼毒、醉马芨芨草、紫茎泽兰、乌头、橐吾、马先蒿、藜芦等毒害草，危害面积约达 3620 万 hm^2，主要分布在西藏、内蒙古、青海、甘肃、新疆、四川等西部省（自治区），每年引起 160 多万头（只、匹）家畜中毒，12 万头（只、匹）家畜死亡，造成直接损失 20 亿元。由此可见，天然草地毒害草灾害的突发性、暴发性和地区性特点，对草地牧畜业生产造成很大破坏，对农牧民的生产、生活以及赖以生存的环境造成严重威胁。因此，开展草地主要毒害草发生规律与防控技术研究，摸清中国天然草地毒害草的种类与分布，明确毒害草灾害的发生规律，准确进行监测预警，迅速、有效地进行应急治理和持续控制，遏制草地主要毒害草灾害的暴发和蔓延，对促进草地畜牧业健康可持续发展，提高农牧区人民的生活水平和生存质量，维护民族地区的社会稳定具有重要意义。在农业部"十二五"公益性行业（农业）科研专项"草原主要毒害草发生规律与防控技术研究"项目的资助下，项目组历时三年时间，行程达 10 多万千米，开展了中国西部天然草地毒害草灾害状况调查工作。

一、考察目的及主要考察内容

中国西部天然草地毒害草灾害考察的主要目的：一是比较全面地了解和掌握中国天然草地毒害草种类与地理分布；二是了解和掌握中国天然草地主要毒害草种类与灾害状况；三是了解主要毒害草及其灾害发生规律；四是了解牲畜毒害草中毒流行特点及灾害损失等。主要考察内容包括：被考察各省（自治区）草地畜牧业概况、毒害草灾害的研究历史、毒害草灾害经济损失、毒害草种类和地理分布、毒害草生物学特性、毒害草及其灾害发生规律、牲畜毒害草中毒流行特点等。

二、调查方法

中国西部天然草地毒害草灾害考察，主要采取现场考察、走访和资料查阅等形式进行。实地调查和走访是在项目协作单位的陪同下，于每年的6～10月深入各省（自治区）天然草地、毒害草重灾区、毒害草重灾户，走访当地政府草地管理部门，走入牧民家，详细了解毒害草种类、分布及毒害草灾害发生情况。针对典型毒害草，实地调查部分乡、镇，在毒害草发生天然草地采集毒害草标本，观察记录毒害草种类、面积及种群结构产量，了解毒害草对牲畜的危害程度。在毒害草重灾区，随机调查数个毒害草样方，进行 GPS 定位，实地测量毒害草覆盖率、伴生植物及毒害草鲜重等数据。资料查阅是查阅各省（自治区）或各地区兽医、畜牧及草地管理部门相关文献资料，了解该地区地理地貌和气候特点、草地毒害草灾害的发生历史，以及近年来草场变化情况（草场牧草变化、气候变化、草原退化等）和毒害草灾害状况等。

三、考察行程路线

中国西部天然草地毒害草灾害考察行程路线，主要根据西藏、新疆、青海、甘肃、内蒙古、宁夏、四川、陕西等省（自治区）的地理地貌和毒害草危害情况，按照省（自治区）分别进行（表 1-1）。

表 1-1　中国西部天然草地毒害草灾害考察行程路线

省（自治区）	行程线路	考察县区、乡、镇
内蒙古	阿拉善左旗南部	腾格里额里斯苏木、嘉尔嘎拉赛汉苏木、超格图呼热苏木、厢根达来苏木、巴润别立苏木、通古勒格淖尔苏木、巴彦浩特镇
	阿拉善左旗北部	吉兰泰镇、宗别立镇、敖伦布拉格镇、银根苏木、乌力吉苏木、巴彦木仁苏木、额尔克哈什哈苏木、巴彦诺日公苏木

续表

省（自治区）	行程线路	考察县区、乡、镇
内蒙古	阿拉善额济纳旗	达来呼布镇、东风镇、赛汉陶来苏木、巴彦宝格德苏木、马鬃山苏木
	阿拉善盟以东到呼伦贝尔盟	阿拉善、乌海、鄂尔多斯、乌拉特前旗、包头、四子王旗、察哈尔右翼中旗、阿巴嘎旗、苏尼特左旗、苏尼特右旗、东乌珠穆沁旗、西乌珠穆沁旗、正镶白旗、正蓝旗、阿鲁科尔沁旗、巴林左旗、巴林右旗、克什克腾旗、科尔沁左翼中旗、科尔沁左翼后旗、扎鲁特旗、阿尔山、科尔沁右翼前旗、海拉尔、满洲里、额尔古纳、鄂伦春自治旗、陈巴尔虎旗
西藏	西藏东南线	达孜、墨竹工卡、工布江达、林芝、鲁朗镇
	西藏北线	拉萨、堆龙德庆、羊八井、当雄
	西藏西线	曲水、尼木、仁布、日喀则、萨迦、拉孜、昂仁、萨嘎、仲巴、札达、噶尔、普兰、白朗、江孜、浪卡子、贡嘎
青海	青海海北州	大通、门源、祁连、刚察、海晏、青海湖环湖北草场
	青海海西州	天峻、乌兰、都兰、青海湖环湖南草场
	西宁周边	多巴、湟源、共和、湟中、互助、平安
	青海东南部	贵德、化隆、循化、同仁
甘肃	酒泉地区	金塔、酒泉、肃北、阿克塞
	武威和张掖地区	武威、民勤、天祝、古浪、山丹、张掖、民乐
	白银地区	景泰、白银、永登
	甘南地区	临夏、夏河、碌曲、玛曲
新疆	天山南山牧场	乌鲁木齐、萨尔大阪、甘沟、庙尔沟、硫磺沟、阿什里
	北疆	昌吉、石河子、奎屯、独山子
	伊犁哈萨克自治州	巴音沟、乔尔玛、那拉提、新源
	巴音郭楞蒙古自治州	和静、巴音布鲁克草原、天鹅湖
	阿克苏地区	乌什、阿瓦提、沙雅、库车、拜城、温宿
四川	阿坝州和甘孜州	若尔盖、红原、九寨
	凉山州和雅安地区	西昌、冕宁、石棉、汉源、荥经、雅安、名山、丹棱
宁夏	南线	泾源、隆德、固原、西吉、海原、中卫
	东线	青铜峡、吴忠、灵武、盐池
其他省份	陕西北部	榆林、神木、定边、靖边
	河北坝上草原	张北、尚义、康保、沽源
	山西晋西北草原	天镇、阳高
	云南西南部山地草原	保山、腾冲、临沧、凤庆

1. 内蒙古

阿拉善盟是内蒙古草地毒害草灾害的重灾区，因此，内蒙古天然草地毒害草考察工作重点选择在阿拉善左旗南部的腾格里额里斯苏木、嘉尔嘎拉赛汉苏木、超格图呼热苏木、厢根达来苏木、巴润别立苏木、通古勒格淖尔苏木和巴彦浩特镇7个苏木（镇），阿拉善左旗西北部的吉兰泰镇、宗别立镇、敖伦布拉格镇、乌力吉苏木、银根苏木、巴彦木仁苏木、额尔克哈什哈苏木和巴彦诺日公苏木8个苏木（镇）。同时，也对内蒙古阿拉善盟额济纳旗、内蒙古阿拉善盟以东的乌拉特荒漠半荒漠草原、鄂尔多斯半荒漠草原、乌兰察布平原荒漠草原、锡林郭勒草甸草原、呼伦贝尔草甸草原和科尔沁典型草原进行普查。

2. 西藏

毒害草在西藏全区天然草地均有不同程度的分布，但毒害草灾害的重灾区主要在西藏的阿里、日喀则、那曲和山南地区。因此，西藏天然草地毒害草考察工作，重点选择在西藏西线的阿里和日喀则地区，同时对西藏东南线的林芝和山南地区，以及西藏北线的当雄进行普查。

3. 青海

毒害草广泛分布于青海各地州的天然草地，但毒害草灾害的重灾区主要在海北州、海西州、海南州、黄南州和玉树果洛州。由于天然草地面积较大，毒害草考察工作重点选择在青海海北州的门源、祁连、刚察、海晏及青海湖环湖草场，海西州的天峻，海南州的共和，以及湟源、湟中、互助等县。同时对青海东南部的贵德、化隆、循化等县进行普查。

4. 甘肃

甘肃毒害草灾害的重灾区主要在祁连山北坡的武威地区、张掖地区、酒泉地区，以及甘南藏族自治州甘南草原。因此，天然草地毒害草考察工作重点选择在天祝、山丹、张掖、民乐、肃南、临夏、夏河、碌曲、玛曲等县，同时对武威、民勤、古浪、景泰、白银、永登等县进行普查。

5. 新疆

新疆天然草地也是中国毒害草灾害的重灾区，但由于新疆具有地域广阔，南北跨度大的特点，新疆天然草地毒害草考察工作重点选择在天山南山牧场、伊犁哈萨克自治州那拉提草原、巴音郭楞蒙古自治州巴音布鲁克草原和阿克苏地区进行。

6. 四川

川西北大草原是中国五大草原之一，位于四川阿坝州和甘孜州，也是毒害草灾害的重灾区，因此，天然草地毒害草考察工作，重点选择在川西北草原的若尔盖、红原和九寨县。同时对广泛分布于凉山州和雅安地区的菊科紫茎泽兰分布与危害情况进行调查。

7. 宁夏

在宁夏，毒害草主要分布于南部山区的固原、海原、西吉、隆德、泾源，以及沿黄河两岸的中宁、中卫、青铜峡、吴忠、灵武、盐池、陶乐、石嘴山等河滩地、轻盐渍化沙地、低湿盐碱滩地等。天然草地毒害草考察工作重点选择在海原县南华山牧场和盐池县盐碱化滩地进行。

8. 其他省份

陕西主要是在陕北的榆林、神木、定边、靖边等县；河北主要在坝上草原的张北、尚义、康保、沽源等县；山西主要在晋西北草原；云南主要在西南部的保山、腾冲、临沧等县进行毒害草考察。

四、考察取得的重要成果

在各协作单位的大力支持和配合下，中国西部天然草地毒害草灾害考察项目组历时三年时间，对中国天然草地毒害草种类、地理分布和灾害状况进行了实地调查。中国天然草地毒害草考察，是公益性行业（农业）专项启动以来历时时间最长、行程路线最长和跨越地域最广的一次考察，考察工作累计180多天，行程达10多万千米，考察地区涉及内蒙古、青海、新疆、西藏、甘肃、四川、云南、宁夏、河北、山西、陕西11省（自治区）130多个县。这是对中国各省（自治区）天然草地地理地貌、气候条件、草地类型、草地畜牧业概况，以及天然草地毒害草种类、地理分布及灾害状况的一次全面考察。在各协作单位的周密安排和大力支持下，考察工作十分顺利，圆满完成了中国天然草地考察任务，取得预期考察成果，突出的成果主要表现在以下几点。

一是比较全面地掌握了中国天然草地主要毒害草种类与地理分布，特别是灾害严重省（自治区）毒害草主要优势种群地理分布情况及重灾区；二是掌握了中国天然草地主要毒害草灾害状况（危害牲畜种类、牲畜中毒情况、发病季节及流行特点等）；三是基本掌握了中国天然草地主要毒害草及其灾害发生规律，毒害草的发生与人口增长、降水量、载畜量、放牧强度、人类活动等人为及自然因素密切相关；四是近年来有毒棘豆和有毒黄芪在中国西部天然草地分布面积和强度不断增大，分布面积超过 1100 万 hm^2，每年造成的经济损失高达几十亿元，危害程度甚至超过雪灾和疫病，被列为中国西部天然草地毒害草灾害的首害。

1. 中国天然草地毒害草灾害研究历史

有毒有害植物对中国畜牧业的危害由来已久。世界许多国家都十分重视有毒植物的研究，早在 20 世纪五六十年代国外就有一系列有毒植物专著问世。在中国，早在 20 世纪 50 年代，任继周（1954）和贾慎修（1955）曾报道西北草地存在毒害草，并呼吁引起重视。1953 年出版的由罗伏根翻译的《家畜有毒植物学》是中华人民共和国成立后国内第一部有毒植物专著，该书虽然为译著，但译者对原著进行了删减并增补了自己的研究内容。此后，尤其是 20 世纪 80 年代以来，国内发表了一大批有毒植物研究论文和相关的文献，在控制有毒植物危害方面取得了一定的成果。李祚煌（1978）、张生民（1981）、鲁西科（1984）、陶定章（1986）、曹光荣（1988）、肖志国（1990）等相继报道了内蒙古伊克昭盟、青海海北州、西藏山南地区、宁夏固原地区、陕西榆林地区、甘肃河西走廊等地区毒害草中毒现象。

中华人民共和国成立后，陆续出版了《野生植物的营养及毒性》（中国医学科学院，1961）、《南方主要有毒植物》（广东省农林水科学技术服务站，1970）、《家畜中毒学》（王洪章和段得贤，1985）、《动物毒理学》（朱蓓蕾，1989）、《中国草地资源》（中华人民共和国农业部畜牧兽医司，1996）、《中国有毒植物》（陈冀胜，1987）、《中国草地重要有毒植物》（史志诚，1997）等一系列著作（表 1-2）。这些著作对引起家畜中毒的植物种类、分布、中毒机制、解毒方法等都有不同程度的研究报道。尤其是 1987 年陈冀胜等主编的《中国有毒植物》收集了 101 科 943 种有毒植物，从科属种分类、形态特征、分布生境、毒性、有毒化学成分及其毒理作用等方面，较完整地介绍了有毒植物，并概括了有毒植物的化学成分及毒理学研究进展状况。这是中国有毒植物研究方面的一部里程碑式的著作。1997 年，史志诚等主编的《中国草地重要有毒植物》，从生物学、生态学、毒物学、防除技术与利用途径 5 个方面阐述了中国草地上危害畜牧业发展的 15 科 19 属 50 多种重要有毒植物，不仅介绍了当时近十多年来国内外草地有毒植物的最新研究进展和科研成果，而且叙述了植物有毒成分的提取、分离、鉴定技术和方法，是中华人国共和国成立以来一部具有中国特色的有毒植物著作，具有重要的学术价值和应用价值。该著作全面反映了中国草地有毒植物研究的全貌，并首次提出毒害草灾害的概念。

表 1-2　中国出版的有关有毒植物著作

著作名称	主编	出版时间	出版社
《优良牧草及有毒植物》	于兆英	1984 年	陕西科学技术出版社
《中国有毒植物》	陈冀胜	1987 年	科学出版社
《有毒植物及其中毒解救法》	王维廉	1988 年	黑龙江人民出版社

著作名称	主编	出版时间	出版社
《植物毒素学》	史志诚	1990 年	天则出版社
《有毒中草药大辞典》	郭晓庄	1992 年	天津科技翻译出版公司
《中国草地重要有毒植物》	史志诚	1997 年	中国农业出版社
《南方有毒植物及其中毒的处理》	罗深秋，俞守义	2000 年	第二军医大学出版社
《有害生物风险分析》	李尉民	2003 年	中国农业出版社
《有害生物综合治理经济学分析》	张巨勇	2004 年	中国农业出版社
《有害生物综合治理》	陈杰林	2005 年	广东科技出版社
《动物中毒病学》	刘宗平	2006 年	中国农业出版社
《生物毒素开发与利用》	刘岱岳	2007 年	化学工业出版社
《新居净化空气与有毒植物图鉴》	邹建中，马骁勇	2007 年	化学工业出版社
《有毒动植物百科》	李津	2010 年	北京联合出版公司
《有害植物》	林有润	2010 年	南方日报出版社
《常见有毒和致敏植物》	刘全儒	2010 年	化学工业出版社
《伊犁草原生物灾害防治技术手册》	李宏	2012 年	化学工业出版社
《有毒生物》	孙承业	2013 年	人民卫生出版社

2. 中国天然草地毒害草灾害状况

　　长期以来，气候干旱、过度采挖、人口增多、草地超载过牧等自然和人为因素，特别是草地超载过牧，导致天然草地优良牧草日趋荒芜、衰退，使得有毒有害植物得以滋生、蔓延，引起家畜中毒，造成严重的经济损失，严重制约草地畜牧业的健康发展。有些地区，毒害草灾害所造成的经济损失甚至超过了自然灾害所造成的损失。随着毒害草引起的损失日益增加，有关毒害草种类、分布、危害等报道也不断增多。特别是 21 世纪以来，佘永新（1997）、纪亚君（2004）、谭成虎（2006）、樊泽峰（2006）等分别对西藏、甘肃、青海、内蒙古等地区的毒害草分布、危害及经济损失进行了统计。

　　佘永新报道，西藏每年因采食有毒有害植物而死亡的牲畜数量相当惊人，如阿里革吉县盐湖区的夏玛乡，中毒致死的牲畜占死亡数的 50%；措勤县达雄区中毒致死的牲畜占死亡牲畜数的 20%；山南地区各县在 1976～1979 年发病 18 766 头（只），死亡 10 689 头（只），致死率为 57%；乃东县在 1985～1988 年发病 2309 只，死亡 773 只，致死率为 33.5%，其余的全部淘汰；曲松县 8 个乡 21 个村，1985～1989 年有 810 头（只）家畜中毒，死亡 195 头（只），致死率占 24%。西藏自治区农牧区调查显示，2001 年阿里地区东部 3 个牧业县，因冰川棘豆中毒死亡的牲畜总数在 53 万只（头）

以上，损失超过 6172 万元。这些地区冰川棘豆所造成的损失占到当年收入的 28% 以上。据调查，2003～2005 年，改则县因冰川棘豆中毒致死的牲畜总数为 10.3 万头（只、匹），直接经济损失高达 2034.95 万元，平均每年经济损失达 700 多万元。

谭成虎报道，甘肃 20 世纪 70 年代初至 90 年代末畜禽中毒共 65 541 头（只），其中死亡 34 922 头（只），平均致死率为 53.3%，近年来有逐渐上升的趋势。在天祝、肃南两县，有棘豆属植物生长的草地上，每年引起羊只中毒 2 万余只，造成直接经济损失达 40 万～50 万元。民乐县 1978 年变异黄芪中毒羊 1117 只，死亡 1098 只，致死率 98.3%。据临夏、会宁、永昌、卓尼、武威等市县的不完全统计，从 60 年代初到 80 年代末，发生家畜醉马芨芨草中毒 1361 只，死亡 127 只，致死率 9.3%。国营黄羊河农场 1986 年统计，变异黄芪中毒发病率为 14.8%，致死率为 100%。民勤县近几年每年因小花棘豆和变异黄芪中毒死亡羊 1200 多只。

纪亚君报道，1987 年青海省共和县倒淌河乡母羊因采食棘豆草而流产的羔羊达 5000 多只，泽库县牲畜因采食棘豆草中毒流产率高达 30% 以上。1995 年英得尔种羊场因棘豆草中毒，使母羊的繁殖力受到严重影响，存栏 2 万只的繁殖母羊 1996 年仅繁活春羔 1409 只。青海省每年因毒草中毒的羊数量约 27 206 只，死亡羊数量约 5921 只，中毒的大家畜数量为 1894 只，死亡大家畜数量为 630 只，毒草危害造成的直接经济损失每年约 278 万元。雷豪清报道，毒草在青海省玉树州危害极为严重，仅玉树县和治多县就约有 80% 的绵羊死于毒草中毒。据资料统计和调查，1965～1990 年的 26 年中，毒草中毒羊 96 128 只，死亡 48 723 只，致死率 50.68%，中毒死亡马 2407 匹。每只羊按 200 元计算，直接经济损失达 974.46 万元，每匹马按 500 元计算，直接经济损失 120.35 万元，两项合计造成直接经济损失达 1094.81 万元。

据内蒙古阿拉善盟草原站的调查统计，阿拉善左旗北部毒草发生面积 82 万 hm^2，重度发生面积 49.73 万 hm^2，受灾牧户 580 户，受灾牲畜 101 178 头（只），中毒牲畜 99 400 头（只），中毒死亡 1778 头（只）；阿拉善右旗毒草发生面积 54.33 万 hm^2，重度发生面积 16.53 万 hm^2，受灾牧户 91 户，受灾牲畜 3206 头（只），已中毒牲畜 2980 头（只），中毒死亡 226 头（只）；额济纳旗毒草发生面积 3 万 hm^2，严重危害面积 1.33 万 hm^2，受灾牧户 230 户，受灾牲畜 33 500 头（只），中毒牲畜 32 000 头（只），中毒死亡 1500 头（只）。截至 2005 年，阿拉善盟共有 139.33 万 hm^2 草地的毒草对畜牧业形成危害，其中严重危害面积达 67.6 万 hm^2。受害牧户 901 户，已造成 13.44 万头（只）牲畜中毒，因误食毒草中毒死亡牲畜 3504 头（只），造成直接经济损失 105 万元。2004 年和 2005 年新华网两次报道内蒙古阿拉善左旗草地发生大面积毒草灾害，主要是变异黄芪和小花棘豆，成灾的草地面积达 69.89 万 hm^2，占可利用草地面积的 65.7%，其中重灾面积约 20 万 hm^2，占总可利用草地面积的 18.8%。截至 2005 年，阿拉善盟共有 139.33 万 hm^2 草地的毒害草对畜牧业形成危害，其中严重危害面积达 67.6 万 hm^2，已造成 13.44 万头牲畜中毒。2006 年 7 月中央新闻联播报道内蒙古乌审旗草地出现 11.33 万 hm² "醉马草"，严重发生面积达 8 万 hm²。

2006 年 12 月新华网报道，拥有 340 万 hm² 天然草地面积的伊犁草地毒害草发生面积已超过 73.33 万 hm²，并呈现出蔓延之势。伊犁草地上分布的毒害草有上百种之多，常见的主要有乌头、狼毒、大芥、大叶橐吾、苦豆子等，其中乌头蔓延速度最快。2010 年 9 月中国政协新闻网报道，新疆昌吉州天然草地总面积 485.4 万 hm²，分布着 30 多种有毒有害植物，其中危害严重的有 10 多种。20 世纪 80 年代初，仅限于个别县市，且面积小、危害程度轻，没有引起重视及积极及时治理，致使蔓延分布面积越来越大，发展势头越来越猛，目前，危害较大的醉马芨芨草、无叶假木贼、木贼麻黄等毒害草发生面积已达 87.47 万 hm²，严重危害面积达 63.2 万 hm²。其中醉马芨芨草发生面积 36 万 hm²，严重危害面积 23.33 万 hm²，主要分布在海拔 900～2600m 的范围内，已占全州天然草地可利用面积的 6.4%，严重地段草地已失去利用价值。无叶假木贼主要分布在平原草地，发生面积 51.47 万 hm²。目前，毒害草大面积蔓延，已成为昌吉州草原的隐形 "杀手"。它不仅覆盖了大片草地，消耗土壤中的水分和养分，还排挤优良牧草的生长，使草地生产能力和牧草品质下降，引起了草地严重退化，给草地生态系统的稳定造成了严重后果。同时，牲畜采食有毒有害植物引起中毒死亡，每年给该地区少数民族畜牧业生产带来数百万元经济损失。根据 50 多年的相关文献资料报道，统计了中国西部草地毒害草中毒给畜牧业造成的经济损失，主要是有毒棘豆和有毒黄芪引起的牲畜中毒，累计直接经济损失 53 400.05 万元，见表 1-3。

表 1-3　1960～2010 年中国天然草地牲畜有毒棘豆和有毒黄芪中毒直接经济损失

年代	省（自治区）	毒害草灾害发生地区	经济损失 / 万元	经济损失总计 / 万元
20 世纪 60 年代及以前	宁夏	海原、西吉	433.50	1 873.50
	内蒙古	阿拉善盟（左旗）、伊克昭盟（乌审旗）	1 440.00	
20 世纪 70 年代	西藏	日喀则、山南、那曲、拉萨、昌都	2 842.15	3 013.99
	甘肃	民乐	32.94	
	宁夏	海原	138.90	
20 世纪 80 年代	甘肃	天祝、肃南	2 274.69	4 476.15
	青海	泽库、共和、湟源	701.46	
	西藏	改则、革吉、曲松	1 500.00	
20 世纪 90 年代	青海	海南州、海北州、黄南州、玉树州	1 390.00	11 372.00
	西藏	革吉、改则、措勤	3 444.00	
	新疆	哈密地区	28.00	
	内蒙古	阿拉善盟（左旗、右旗、额济纳旗），鄂尔多斯（乌审旗）	6 510.00	

续表

年代	省（自治区）	毒害草灾害发生地区	经济损失 / 万元	经济损失总计 / 万元
2000～2010年	西藏	阿里、山南、那曲、昌都	6 418.88	32 664.41
	青海	泽库、河南、共和、玉树、果洛、祁连、刚察、天峻、乌兰、都兰、治多等县	2 372.28	
	甘肃	天祝、民勤、民乐、肃南、高台、肃北、阿克塞等县	473.52	
	内蒙古	阿拉善盟（左旗、右旗、额济纳旗），鄂尔多斯（乌审旗、鄂托克旗）	23 399.73	
合计			53 400.05	

注：经济损失统计为文献报道年代数据的总计；损失折算，羊及未标明牲畜种类的按每只300元计算，马每匹按3000元计算

2007～2009年，中国有12个省（自治区）发生牲畜毒害草中毒，根据中国农业部（现农业农村部）全国畜牧总站草业信息网统计，天然草地毒害草危害面积3620.01万 hm^2，每年中毒牲畜 2 108 695 头（只）、死亡840 371头（只），经济损失67 229.68万元，见表1-4。

表 1-4　2007～2009 年中国部分省（自治区）毒害草危害及损失统计

省（自治区）	危害面积 / 万亩	严重危害面积 / 万亩	中毒家畜 / [头（只）/年]	死亡家畜 / [头（只）/年]	经济损失 / 万元
西藏	19 432.33	8 667.50	971 607	98 502	7 880.16
四川	11 012.33	3 600.50	139 603	6 443	515.44
新疆	7 661.00	3 403.50	28 624	6 993	559.44
青海	5 354.00	2 389.00	9 367	4 076	326.08
内蒙古	4 349.67	1 846.50	713 345	690 991	55 279.28
云南	3 147.33	1 505.00	194 882	21 943	1 755.44
甘肃	2 489.67	1 401.00	7 945	2 284	182.72
陕西	292.50	—	—	—	—
贵州	254.00	141.00	10 768	2 326	186.08
宁夏	133.33	36.50	—	—	—
河北	128.67	28.50	12 524	5 463	437.04
山西	45.33	9.00	20 030	1 350	108.00
合计	54 300.16	23 028.00	2 108 695	840 371	67 229.68

注："—"表示无数据

3. 中国天然草地毒害草种类

中国幅员辽阔，植物资源十分丰富，其中有毒有害植物种类之多为世界各国罕

见。据陈翼胜统计，中国有毒有害植物约 1300 种，分布于 140 多个科，其中豆科、大戟科、毛茛科、菊科、杜鹃花科、茄科、百合科等最多，约 330 种。项目组通过三年的实际调查，发现中国西部天然草地是中国有毒有害植物种类分布较多，且危害严重的地区，有毒有害植物有 52 科 165 属 306 种，报道较为集中的有毒有害植物有豆科棘豆属小花棘豆、黄花棘豆、甘肃棘豆、冰川棘豆、镰形棘豆、毛瓣棘豆，黄芪属变异黄芪、茎直黄芪和哈密黄芪，槐属苦豆子；菊科泽兰属紫茎泽兰，橐吾属黄帚橐吾、藏橐吾、纳里橐吾；禾本科芨芨草属醉马芨芨草；瑞香科狼毒属瑞香狼毒；毛茛科乌头属乌头，唐松草属唐松草；玄参科马先蒿属马先蒿；百合科萱草属北萱草，藜芦属藜芦；藜科假木贼属无叶假木贼；萝藦科鹅绒藤属牛心朴子；大戟科大戟属狼毒大戟；唇形科香薷属密花香薷；等等。富象乾根据毒害草的毒害规律，将有毒有害植物分为常年性毒害草、季节性毒害草和可疑性毒害草三大类，前两类又细分为烈毒性毒害草和弱毒性毒害草两个类群。中国天然草地毒害草科属种分布情况见表 1-5。

表 1-5 中国部分省（自治区）天然草地毒害草科属种分布

省（自治区）	科数/个	属数/个	种数/个	主要常年性烈毒性毒害草种类
甘肃	50	160	298	豆科棘豆属甘肃棘豆、黄花棘豆、小花棘豆、镰形棘豆，黄芪属变异黄芪、哈密黄芪，野决明属披针叶黄华，苦马豆属苦马豆，瑞香科狼毒属瑞香狼毒；禾本科芨芨草属醉马芨芨草；菊科橐吾属橐吾；玄参科马先蒿属马先蒿；百合科萱草属小黄花菜；壳斗科栎属辽东栎、槲栎、白栎、槲栎
内蒙古	51	162	270	瑞香科狼毒属瑞香狼毒；禾本科芨芨草属醉马芨芨草；萝藦科鹅绒藤属牛心朴子；壳斗科栎属蒙古栎；豆科棘豆属小花棘豆，黄芪属变异黄芪、哈密黄芪，野决明属披针叶黄华，苦马豆属苦马豆，槐属苦豆子，苦参属苦参；百合科萱草属北萱草、小黄花菜，藜芦属藜芦；伞形科毒芹属毒芹；菊科鹤虱属鹤虱；蔷薇科桃属蒙古扁桃
新疆	45	167	257	豆科棘豆属小花棘豆、黄花棘豆，黄芪属变异黄芪、哈密黄芪，野决明属披针叶黄华，槐属苦豆子；禾本科芨芨草属醉马芨芨草；毛茛科乌头属白喉乌头、准噶尔乌头；菊科橐吾属天山橐吾、大叶橐吾、纳里橐吾；藜科假木贼属无叶假木贼；瑞香科狼毒属瑞香狼毒；玄参科马先蒿属马先蒿；百合科藜芦属藜芦；伞形科毒芹属毒芹
青海	20	34	224	豆科棘豆属黄花棘豆、甘肃棘豆、镰形棘豆、急弯棘豆、宽苞棘豆、小花棘豆、冰川棘豆；黄芪属茎直黄芪、变异黄芪、丛生黄芪，野决明属披针叶黄华，槐属苦豆子，苦马豆属苦马豆；瑞香科狼毒属瑞香狼毒；禾本科芨芨草属醉马芨芨草；菊科橐吾属黄帚橐吾；毛茛科乌头属露蕊乌头，唐松草属瓣蕊唐松草、高山唐松草，毛茛属白山毛茛；龙胆科龙胆属大叶龙胆、高山龙胆、达乌里龙胆；玄参科马先蒿属甘肃马先蒿
四川	43	89	239	菊科泽兰属紫茎泽兰，橐吾属黄帚橐吾；瑞香科狼毒属瑞香狼毒；豆科棘豆属黄花棘豆、甘肃棘豆、镰形棘豆；禾本科芨芨草属醉马芨芨草，野决明属披针叶黄华；玄参科马先蒿属轮叶马先蒿、短茎马先蒿、多花马先蒿；毛茛科乌头属露蕊乌头，唐松草属瓣蕊唐松草、高山唐松草，翠雀属蓝翠雀花、大花翠雀；大戟科大戟属狼毒大戟；壳斗科栎属白栎、槲栎、栓皮栎、麻栎；唇形科香薷属密花香薷

续表

省 （自治区）	科数／个	属数／个	种数／个	主要常年性烈毒性毒害草种类
宁夏	31	78	129	瑞香科狼毒属瑞香狼毒；禾本科芨芨草属醉马芨芨草；萝藦科鹅绒藤属牛心朴子；豆科棘豆属黄花棘豆、小花棘豆，黄芪属变异黄芪，野决明属披针叶黄华，槐属苦豆子，苦马豆属苦马豆；龙胆科獐牙菜属淡味獐牙菜；毛茛科乌头属伏毛铁棒锤；大戟科大戟属乳浆大戟
西藏	18	33	72	豆科棘豆属冰川棘豆、毛瓣棘豆、甘肃棘豆、镰形棘豆、小花棘豆，黄芪属茎直黄芪、白花黄芪、坚硬黄芪、丛生黄芪、西藏黄芪；瑞香科狼毒属瑞香狼毒；禾本科芨芨草属醉马芨芨草；毛茛科乌头属工布乌头；菊科橐吾属藏橐吾；蕨科蕨属蕨类植物
云南	38	—	146	菊科泽兰属紫茎泽兰；大戟科大戟属狼毒大戟、乳浆大戟；瑞香科狼毒属瑞香狼毒；毛茛科翠雀属云南翠雀；禾本科白茅属白茅
山西	35	91	148	毛茛科乌头属北乌头，毛茛属毛茛，翠雀属翠雀；大戟科大戟属狼毒大戟、大戟；瑞香科狼毒属瑞香狼毒；伞形科毒芹属毒芹，百合科藜芦属藜芦，萱草属北萱草、小黄花菜，壳斗科栎属栓栎；麻黄科麻黄属草麻黄、木贼麻黄；豆科棘豆属小花棘豆，苦参属苦参，野决明属披针叶黄华
河北	16	23	31	麻黄科麻黄属草麻黄；毛茛科唐松草属瓣蕊唐松草，翠雀属翠雀；豆科苦参属苦参，野决明属披针叶黄华，棘豆属小花棘豆，蒺藜属蒺藜属蒺藜；大戟科大戟属大戟、地锦草、狼毒大戟、乳浆大戟；瑞香科狼毒属瑞香狼毒；百合科藜芦属藜芦；禾本科针茅属大针茅
陕西	23	—	59	壳斗科栎属白栎、槲栎、栓皮栎、麻栎；豆科棘豆属小花棘豆、包头棘豆，苦参属苦参，野决明属披针叶黄华，苦马豆属苦马豆；菊科千里光属狗舌草；禾本科芨芨草属醉马芨芨草；萝藦科鹅绒藤属牛心朴子

注："—"表示无数据

4. 中国天然草地毒害草分布

长期以来，由于草地超载过牧、滥垦、滥挖、滥采、人口增长等人为因素，以及干旱等自然因素的影响，草地持续沙化、退化。仅内蒙古目前退化草地面积已达3867万 hm²，占可利用草地的60%，其中阿拉善左旗草地覆盖度与20世纪50年代相比降低了30%～50%，荒漠和半荒漠已占到左旗草地的96.9%。草地的沙化、退化，使草地逆行演替，造成草地毒害草化，仅西藏、青海草地毒害草生长面积已达到可利用草地面积的10.43%和8.31%。项目组通过三年的实地调查和资料查阅，对西藏、新疆、青海、甘肃、内蒙古、宁夏、陕西、四川等11个省（自治区）天然草地面积、可利用草地面积和毒害草面积进行统计，11个省（自治区）天然草地面积为 32 721.56 万 hm²，可利用草地面积为 26 107.72 万 hm²，毒害草面积为 3470.58 万 hm²，毒害草面积占可利用草地面积达13.29%（表 1-6）。

表 1-6　中国部分省（自治区）天然草地毒害草分布面积统计

省（自治区）	天然草地面积 / 万 hm²	可利用草地面积 / 万 hm²	毒害草分布面积 / 万 hm²	毒害草分布面积占可利用草地面积比例 /%
新疆	5 733.30	4 800.68	782.15	16.29
四川	2 253.88	1 962.03	732.09	37.31
西藏	8 205.19	7 084.68	573.50	8.09
内蒙古	7 880.40	6 359.10	507.11	7.97
青海	3 636.97	3 153.07	420.28	13.33
甘肃	1 790.42	1 607.16	175.68	10.93
宁夏	301.40	262.56	101.77	38.76
山西	455.20	455.20	69.00	15.16
云南	1 527.00	1 187.00	67.00	5.64
河北	417.20	408.50	42.00	10.28
陕西	520.60	434.90	—	—
合计	32 721.56	27 714.88	3 470.58	12.52

注："—"表示无数据

5. 中国天然草地优势毒害草种属及其地理分布

通过实际调查，项目组发现在中国西部天然草地对畜牧业造成严重危害的优势毒害草主要有豆科棘豆属小花棘豆（*Oxytropis glabra*）、黄花棘豆（*Oxytropis ochrocephala*）、甘肃棘豆（*Oxytropis kansuensis*）、冰川棘豆（*Oxytropis glacialis*）、镰形棘豆（*Oxytropis falcata*）、毛瓣棘豆（*Oxytropis sericopetala*）、急弯棘豆（*Oxytropis deflexa*）、宽苞棘豆（*Oxytropis latibracteata*），黄芪属变异黄芪（*Astragalus variabilis*）、茎直黄芪（*Astragalus strictus*）、哈密黄芪（*Astragalus hamiensis*）；瑞香科瑞香狼毒（*Stellera chamaejasme*）；禾本科醉马芨芨草（*Achnaterum inebrians*）；菊科紫茎泽兰（*Eupatorium adenophorum*）、橐吾（*Ligularia sibirica*）；毛茛科乌头（*Aconitum carmichaeli*）；玄参科马先蒿属（*Pedicularis*）；藜科无叶假木贼（*Anabasis aphylla*）；萝藦科牛心朴子（*Cynanchum komarovii*）等 30 多种，危害面积占毒害草危害总面积的 90% 以上（表 1-7）。

表 1-7　中国部分省（自治区）天然草地主要优势毒害草种类

省（自治区）	天然草地主要优势毒害草种类	造成毒性灾害的优势种
西藏	豆科茎直黄芪、冰川棘豆、毛瓣棘豆、甘肃棘豆、镰形棘豆；瑞香科瑞香狼毒；禾本科醉马芨芨草；菊科藏橐吾；毛茛科工布乌头、高原毛茛；麻黄科中麻黄	7种：茎直黄芪、冰川棘豆、毛瓣棘豆、甘肃棘豆、瑞香狼毒、工布乌头、藏橐吾

续表

省 （自治区）	天然草地主要优势毒害草种类	造成毒性灾害的优势种
新疆	禾本科醉马芨芨草、针茅；毛茛科白喉乌头、露蕊乌头、准噶尔乌头；豆科小花棘豆、变异黄芪、苦豆子；藜科无叶假木贼；玄参科马先蒿；菊科纳里橐吾；瑞香科瑞香狼毒；百合科新疆藜芦	9种：醉马芨芨草、白喉乌头、小花棘豆、变异黄芪、无叶假木贼、马先蒿、纳里橐吾、瑞香狼毒、新疆藜芦
青海	豆科甘肃棘豆、黄花棘豆、镰形棘豆、急弯棘豆、宽苞棘豆、披针叶黄华、变异黄芪；瑞香科瑞香狼毒；禾本科醉马芨芨草；菊科黄帚橐吾；毛茛科乌头、瓣蕊唐松草	9种：甘肃棘豆、黄花棘豆、镰形棘豆、急弯棘豆、宽苞棘豆、披针叶黄华、瑞香狼毒、醉马芨芨草、黄帚橐吾
甘肃	豆科甘肃棘豆、黄花棘豆、小花棘豆、变异黄芪、披针叶黄华、苦豆子、苦马豆；瑞香科瑞香狼毒；禾本科醉马芨芨草；菊科橐吾；玄参科马先蒿；藜科无叶假木贼；壳斗科栎属植物	10种：甘肃棘豆、黄花棘豆、小花棘豆、变异黄芪、瑞香狼毒、醉马芨芨草、橐吾、马先蒿、苦豆子、无叶假木贼
宁夏	豆科黄花棘豆、小花棘豆、变异黄芪、披针叶黄华、苦豆子、苦马豆；禾本科醉马芨芨草；萝藦科牛心朴子；旋花科中国菟丝子；瑞香科瑞香狼毒；大戟科乳浆大戟；龙胆科淡味獐牙菜；毛茛科伏毛铁棒锤	6种：黄花棘豆、小花棘豆、变异黄芪、苦豆子、牛心朴子、中国菟丝子
内蒙古	豆科小花棘豆、变异黄芪、哈密黄芪、披针叶黄华、苦豆子、苦马豆；禾本科醉马芨芨草；萝藦科牛心朴子；蔷薇科蒙古扁桃；瑞香科瑞香狼毒；壳斗科栎属蒙古栎；菊科鹤虱；伞形科毒芹	11种：小花棘豆、变异黄芪、哈密黄芪、披针叶黄华、苦豆子、苦马豆、醉马芨芨草、牛心朴子、蒙古扁桃、瑞香狼毒、鹤虱
四川	菊科紫茎泽兰、黄帚橐吾；大戟科狼毒大戟；瑞香科瑞香狼毒；豆科甘肃棘豆、黄花棘豆、镰形棘豆、披针叶黄华；禾本科醉马芨芨草；毛茛科乌头、翠雀、毛茛；玄参科马先蒿；唇形科密花香薷；伞形科毒芹	12种：紫茎泽兰、黄帚橐吾、瑞香狼毒、狼毒大戟、甘肃棘豆、镰形棘豆、密花香薷、披针叶黄华、醉马芨芨草、乌头、翠雀、马先蒿
云南	菊科紫茎泽兰；大戟科狼毒大戟、乳浆大戟；瑞香科瑞香狼毒；毛茛科云南翠雀	4种：紫茎泽兰、狼毒大戟、乳浆大戟、瑞香狼毒
山西	瑞香科瑞香狼毒；毛茛科北乌头、翠雀、毛茛；豆科小花棘豆、披针叶黄华；伞形科毒芹；百合科藜芦	6种：瑞香狼毒、北乌头、翠雀、小花棘豆、披针叶黄华、毒芹
河北	豆科苦参、披针叶黄华、小花棘豆；大戟科狼毒大戟；瑞香科瑞香狼毒；禾本科大针茅；麻黄科草麻黄；毛茛科翠雀；百合科藜芦	6种：瑞香狼毒、披针叶黄华、小花棘豆、狼毒大戟、大针茅、翠雀
陕西	壳斗科栎属植物；豆科小花棘豆、苦参、披针叶黄华、苦马豆；萝藦科牛心朴子；菊科狗舌草；禾本科醉马芨芨草	5种：栎属植物、小花棘豆、披针叶黄华、牛心朴子、狗舌草

五、内蒙古天然草地优势毒害草

内蒙古草原是欧亚大陆草原的重要组成部分，总面积 8800 万 hm²，其中可利用面积 6800 万 hm²，占全国草原总面积的 22%，占全区国土面积的 74%。33 个牧业旗县和 21 个半农半牧业旗县拥有天然草原面积 7247 万 hm²，约占全区草原总面积的

82.4%。自东向西依次分布着温性草甸草原、温性典型草原、温性荒漠草原、温性草原化荒漠和温性荒漠五大类地带性植被；还隐域分布着山地草甸类、低平地草甸类和沼泽类3类非地带性植被。全区草原产草量，由东向西逐渐降低，规律明显。草甸草原干草产量40～150kg/亩[①]，典型草原60～105kg/亩，西部荒漠草原40kg/亩左右，草原化荒漠30kg/亩左右，荒漠20kg/亩左右。草原的产草量主要受水分条件的影响，每100mm降水能形成25～30kg/亩的干草量，等量降水所形成的产草量，东部大于西部。由于全球气候变暖、降雨时空分布不均衡、人口较快增长、人为干扰，以及投入不足等原因，草原沙化、荒漠化、盐渍化、毒害草化、鼠虫害化严重，据21世纪初草原普查显示，草原退化面积4680万 hm²，占总面积的53.18%，其中毒害草危害面积达507.11万 hm²。

毒害草主要优势种群：豆科棘豆属小花棘豆，黄芪属变异黄芪，野决明属披针叶黄华（*Thermopsis lanceolata*），槐属苦豆子（*Sophora alopecuroides*），苦马豆属苦马豆（*Swainsonia salsula*）；萝藦科鹅绒藤属牛心朴子；禾本科芨芨草属醉马芨芨草；蔷薇科桃属蒙古扁桃（*Amygdalus mongolica*）；瑞香科狼毒属瑞香狼毒；菊科鹤虱属鹤虱（*Lappula myosotis*）；等等（表1-8）。

表 1-8　内蒙古天然草地主要毒害草种类、地理分布与危害　　　（单位：万 hm²）

序号	中文名称（拉丁名）	危害面积	严重危害面积	重灾害地区（具体到县级）	危害牲畜种类
1	小花棘豆（*Oxytropis glabra*）	105.23	—	鄂尔多斯市（乌审旗、杭锦旗、鄂托克旗）、阿拉善盟（左旗、右旗、额济纳旗）、巴彦淖尔盟（杭锦后旗、乌拉特后旗、乌拉特中旗、乌拉特前旗）	主要危害绵羊、马和山羊，其次还有牛和鹿
2	变异黄芪（*Astragalus variabilis*）	134.60	—	鄂尔多斯市（乌审旗）、阿拉善盟（左旗、右旗、额济纳旗）、巴彦淖尔盟（杭锦后旗、乌拉特后旗、乌拉特中旗）	马、牛、绵羊、山羊、骆驼，尤以幼龄动物最为敏感
3	牛心朴子（*Cynanchum komarovii*）	240.93	—	内蒙古毛乌素沙漠、腾格里沙漠和乌兰布和沙漠	牛、羊、骆驼
4	苦豆子（*Sophora alopecuroides*）	41.70	—	乌兰布和沙漠以及河套灌区的盐碱沙荒地。	各种牲畜、野生动物
5	瑞香狼毒（*Stellera chamaejasme*）	13.30	—	赤峰（阿鲁科尔沁旗）、锡林郭勒盟、兴安盟、乌兰察布盟、鄂尔多斯	牛、羊
6	醉马芨芨草（*Achnaterum inebrians*）	13.05	—	巴彦淖尔盟、鄂尔多斯市、阿拉善盟、贺兰山	马属动物最敏感，牛、羊等反刍动物有一定的耐受性
7	披针叶黄华（*Thermopsis lanceolata*）	—	—	阿拉善盟、巴彦淖尔盟、鄂尔多斯、乌兰察布盟	马、牛、羊

---

① 1 亩≈666.7m²，下同。

续表

序号	中文名称（拉丁名）	危害面积	严重危害面积	重灾害地区（具体到县级）	危害牲畜种类
8	苦马豆 （*Sphaerophysa salsula*）	—	—	阿拉善盟、巴彦淖尔盟、鄂尔多斯市、乌兰察布盟	马属动物最敏感，牛、羊等反刍动物有一定的耐受性
9	蒙古扁桃 （*Amygdalus mongolica*）	—	—	内蒙古西部巴彦淖尔盟、阿拉善盟、鄂尔多斯荒漠和荒漠草原	各种动物，常见于山羊、绵羊、骆驼等
10	蒙古栎 （*Quecus mongolica*）	—	—	呼伦贝尔盟、大兴安岭东麓及南部东坡、赤峰市、哲里木盟、大青沟、罕山	牛、羊

注："—"表示无数据

六、西藏天然草地优势毒害草

西藏是全国五大牧区之一，畜牧业是西藏国民经济的基础和民族经济的支柱。西藏现有天然草地面积 8266.67 万 hm²，占全区土地面积的 69.1%，占全国天然草地面积的 1/5，其中可利用面积 5500 万 hm²，占天然草地总面积的 66.5%，已利用面积 4266.67 万 hm²，占可利用草地面积的 77.6%。西藏复杂的自然条件和气候条件，造就了丰富多样的草地类型。从南到北，从低海拔到高海拔按热量条件依次分布有热带、亚热带、温带、亚寒带和寒带的各种草地类型。从东到西北，按水分条件依次分布有湿润、半湿润、半干旱、干旱、极干旱的草地类型。全国草地按统一标准划分为 18 个草地类型，除干热稀疏灌草丛类外，其他 17 个草地类型在西藏均有分布。其中，高寒草原分布面积最大，有 3160 万 hm²，占全区天然草地面积的 38.23%；其次是高寒草甸类，有 2540 万 hm²，占全区天然草地面积的 30.73%；第三位是高寒荒漠草原类，有 866.67 万 hm²，占全区天然草地面积的 10.48%。西藏草地地处高寒区，热量不足，产草量普遍较低。全区草地平均亩产可食鲜草仅为 69.6kg，但牧草品质好，营养价值高。西藏天然草地主要分布于藏北的阿里和那曲地区，面积为 5569 万 hm²，占西藏天然草地面积的 67.37%。西藏藏西北天然草地海拔高、干旱、寒冷、无霜期短，地理气候条件差，生态环境极为脆弱，再加上草地超载过牧和一些不合理的开发建设活动，特别是藏北牧区的非法开采金矿等活动，加剧了草地生态的破坏，有的地方草地植被已无法恢复，草地退化现象极为严重，仅藏北退化草地面积就达 652.60 万 hm²。草地退化导致可食牧草急剧减少，毒害草滋生蔓延，草地毒害草化，毒害草危害面积达 573.50 万 hm²。

毒害草主要优势种群：豆科黄芪属茎直黄芪，棘豆属冰川棘豆、毛瓣棘豆、甘肃棘豆、黄花棘豆；瑞香科狼毒属瑞香狼毒；菊科橐吾属藏橐吾（*Ligularia rumicifolia*）；毛茛科翠雀属翠雀（*Delphinium grandiflorum*），乌头属工布乌头（*Aconitum kongboense*）、露蕊乌头（*Aconitum gymnandrum*）；等等（表 1-9、表 1-10）。

表 1-9　西藏天然草地主要毒害草种类与危害　　　　　　　　　（单位：万 hm²）

序号	中文名称/拉丁名	危害面积	严重危害面积	重灾害地区（具体到县级）	危害牲畜种类
1	冰川棘豆（Oxytropis glacialis）	209.25	175.46	阿里地区（改则、措勤、革吉、普兰），山南地区（浪卡子）	马最敏感，其次为山羊、绵羊，对牦牛的危害性不大，但对羔羊危害性较为突出
2	茎直黄芪（Astragalus strictus）	191.10	72.85	西藏冈底斯山以东和以南地区（日喀则、山南、林芝、拉萨、那曲）	马较为敏感，牛、羊次之
3	甘肃棘豆（Oxytropis kansuensis）	172.98	—	拉萨地区（当雄、尼木），林芝地区（工布江达）	马最敏感，其次为山羊、绵羊，对成年羊、牦牛的危害性不大，但对羔羊危害性较为突出
4	毛瓣棘豆（Oxytropis sericopetala）			拉萨（曲水、堆龙德庆、达孜、林周），山南地区（曲松、加查），日喀则地区（江孜、萨迦、白朗），林芝地区（米林、林芝）	
5	镰形棘豆（Oxytropis falcata）			林芝地区（米林、林芝）、昌都地区	
6	瑞香狼毒（Stellera chamaejasme）	—	—	日喀则地区（江孜、拉孜、昂仁、萨嘎），那曲地区，林芝地区（波密），昌都地区，山南地区（浪卡子、琼结、扎囊），拉萨（林周、当雄）	牛、羊
7	藏橐吾（Ligularia rumicifolia）	—	—	拉萨（当雄、堆龙德庆、墨竹工卡），林芝地区（工布江达），山南地区（浪卡子）	牛、羊
8	醉马芨芨草（Achnaterum inebrians）	—	—	林芝地区（林芝、波密），山南地区，昌都地区	马属动物最敏感，牛、羊等反刍动物有一定的耐受性
9	工布乌头（Aconitum kongboense）	—	—	普兰、林芝、亚东、仲巴	各种动物
10	高原毛茛（Ranunculus tanguticus）	—	—	普兰、林芝、亚东、仲巴	各种动物

注："—"表示无数据

表 1-10　西藏天然草地主要毒害草地理分布

毒害草种类	生境	地理分布	重灾区
茎直黄芪	生于海拔 2900～4800m 的河流滩地，山坡及湖边草地，河边湿地，村旁、路旁、田边	除西藏阿里地区外，西藏日喀则、拉萨、山南、那曲、昌都、林芝地区均广泛分布	西藏日喀则、山南、那曲、昌都、拉萨、林芝地区
冰川棘豆	生于海拔 4400～5300m 的山坡草地、砾石山坡、河滩砾石地、沙质地	西藏阿里地区（噶尔、普兰、札达、日土、革吉、改则、措勤），山南地区（浪卡子），以及西藏北部和中部高海拔无人区	西藏阿里地区东部三县（革吉、改则、措勤）

毒害草种类	生境	地理分布	重灾区
毛瓣棘豆	生于海拔 2900～4450m 的河滩砂地、沙页岩山地、沙丘土、山坡草地、冲积扇砾砂地、卵石滩地	西藏山南（乃东、桑日、曲松、加查、朗县、贡嘎），拉萨（达孜、林周、曲水、堆龙德庆、尼木），日喀则（布仁、江孜、白朗、拉孜、定日、定结）地区均广泛分布，主要分布在拉孜县以东地区	西藏山南、拉萨、日喀则地区
甘肃棘豆	生于海拔 4200～5300m 的高山草甸、高山林下、山坡草地、河边草地、沼泽地、山坡林间砾石地	西藏林芝地区（工布江达）和拉萨地区（当雄）	拉萨地区当雄县那木措乡
黄花棘豆	生于海拔 2900～4200m 的田埂、荒山、平原草地、山坡草地、高山草甸、沼泽地、干河谷阶地、山坡砾石草地、林间空地	主要分布在西藏林芝地区（工布江达），未形成优势种群	无
瑞香狼毒	生于海拔 2600～4700m 的干燥向阳的高山草坡、草甸草原、河滩、路边、干河谷阶地、山坡砾石草地	主要分布在西藏拉萨、日喀则、那曲、山南、昌都地区，林芝地区也有少量分布	西藏那曲地区、日喀则地区、山南地区
藏橐吾	生于海拔 4000～5100m 的高山草坡、干河谷阶地、山坡砾石草地	西藏拉萨地区（当雄羊八井）、日喀则地区（江孜）、山南地区（浪卡子）、林芝地区（工布江达）均有分布	当雄、工布江达
工布乌头	生于海拔 3000～5600m 的山坡草地或灌丛中	普兰、林芝、亚东、仲巴	工布江达
翠雀	生于海拔 3600～4200m 的路边、河谷阶地、山坡砾石草地	西藏山南地区（浪卡子）有少量分布	无

七、青海天然草地优势毒害草

青海是中国五大牧区之一，有天然草地 3645 万 hm²，可利用草地面积 3160 万 hm²，占全省天然草地总面积的 86.7%。冬春草地面积为 1586 万 hm²，夏秋草地面积为 1575 万 hm²，分别占全省草地总面积的 43.51% 和 43.21%。青海的天然草地面积占全国草地面积的 1/10，居全国第 4 位。草地类型丰富多样，有山地干草原、高寒干草原、山地草甸，也有高寒草甸，山地、平原、荒漠、高寒荒漠，潮湿的沼泽化草甸，湿润的灌丛、疏林等，以高寒草甸为主体。高寒草甸面积为 2400 万 hm²，占全省天然草地面积的 65.84%，构成了青海草地的主体。经调查（2001 年统计），青海毒害草发生面积 420.28 万 hm²，严重危害面积 207.97 万 hm²，占全省可利用草地面积的 6.6%。其中，有毒棘豆发生面积 128.92 万 hm²，严重危害面积 94.96 万 hm²，占毒害草严重危害面积的 45.66%；其次，瑞香狼毒发生面积 73.97 万 hm²，严重危害面积 46.68 万 hm²，占毒害草严重危害面积的 22.45%；其他有毒植物（橐吾、禾本科醉马芨芨草、唐松草）发生面积 57.25 万 hm²，严重危害面积 40.20 万 hm²，占毒害草严重危害面积的 19.33%。

毒害草主要优势种群：豆科棘豆属甘肃棘豆、黄花棘豆、镰形棘豆、急弯棘豆、宽苞棘豆，野决明属披针叶黄华（*Thermopsis lanceolata*）；瑞香科狼毒属瑞香狼毒；禾本科芨芨草属醉马芨芨草；菊科橐吾属黄帚橐吾；玄参科马先蒿属甘肃马先蒿（*Pedicularis kansuensis*）；等等。有毒棘豆、瑞香狼毒、醉马芨芨草和橐吾已经成为危害青海草地畜牧业发展的主要毒害草（表 1-11）。

表 1-11　青海天然草地主要毒害草种类、地理分布与危害　　　（单位：万 hm²）

序号	中文名称/拉丁名	危害面积	严重危害面积	重灾害地区（具体到县级）	危害牲畜种类
1	甘肃棘豆（*Oxytropis kansuensis*）	128.92	94.96	黄南州（泽库、河南），玉树州（玉树、称多、昂欠、杂多、治多、曲麻莱），海北州（刚察、海晏、祁连），海西州（天峻、乌兰、都兰），海南州（共和、同德）及海东 8 县等	马、牛、绵羊、山羊、牦牛，尤以幼龄动物最为敏感
2	黄花棘豆（*Oxytropis ochrocephala*）				
3	镰形棘豆（*Oxytropis falcata*）				
4	急弯棘豆（*Oxytropis deflexa*）				
5	瑞香狼毒（*Stellera chamaejasme*）	73.97	46.68	黄南州（尖扎），玉树州（称多、昂欠、杂多、治多、曲麻莱），海北州（刚察、海晏、祁连），海西州（天峻、乌兰、都兰），海南州（兴海、贵南、同德），以及海东地区的湟中、化隆	牛、羊
6	醉马芨芨草（*Achnaterum inebrians*）	57.25	40.20	海北州（海晏、刚察、祁连），海南州（同德），黄南州（泽库、河南）及海东乐都等	马属动物最敏感，牛、羊等反刍动物有一定的耐受性
7	变异黄芪（*Astragalus variabilis*）	98.14	—	海西州（乌兰、都兰、德令哈、格尔木）	马、牛、绵羊、山羊、牦牛，尤以幼龄动物最为敏感
8	黄帚橐吾（*Ligularia virgaurea*）	44.00	26.13	玉树州（玉树、称多、昂欠、杂多、治多、曲麻莱等），黄南州（泽库、河南）	牛、羊
9	披针叶黄华（*Thermopsis lanceolata*）	—	—	海北州（刚察、海晏、祁连），海西州（天峻、乌兰、都兰），海南州（兴海、贵南、同德），以及海东地区的湟中、化隆等	马、牛、羊
10	马先蒿属（*Pedicularis*）	—	—	海北州（门源、祁连、刚察、海晏），海南州（兴海、共和），玉树州（玉树、称多、昂欠、杂多、治多、曲麻莱）	牛、羊

注："—"表示无数据

八、甘肃天然草地优势毒害草

甘肃是中国重要的草地牧区省份之一，有天然草地 1786.67 万 hm²，全省人均拥有草地 10 亩，占全省国土面积近 40%，占全国天然草地面积的 4.5%，位居全国第六。甘肃天然草地主要分布在甘南高原、祁连山地及北部的荒漠、半荒漠一带，类型较多，全国 18 个草地类型中，甘肃省草地类型就占了 15 个，是全国主要草地类型的缩影。其中高寒草甸类草地 427.53 万 hm²，占全省天然草地面积的 23.93%；山地林间草地 39.6 万 hm²，占 2.22%；灌木草丛类草地 53.49 万 hm²，占 2.99%；草原草地类 572.84 万 hm²，占 32.06%；荒漠草地 627.33 万 hm²，占 35.11%；盐生草甸类草地 72.35 万 hm²，占 4.05%。

多年来，由于气候异常、干旱少雨、超载过牧、过度开垦等自然和人为因素的影响，天然草原不同程度出现退化，生态环境日益恶化。目前，甘肃天然草地 90% 出现不同程度的退化，其中中度退化草地面积达 1333 万 hm²，占甘肃天然草地面积的 74.61%，重度"五化"（荒漠化、沙化、盐碱化、毒害草化、鼠虫害化）草地面积达 553 万 hm²，占天然草地面积的 30.95%，而且每年还以近 10 万 hm² 的速度扩张。伴随草地的退化，草地生产能力也严重下降，和 40 多年前相比，草层高度下降 50% 以上，植被盖度由 65%～95% 降到 25%～60%，草场载畜能力下降 50%～70%。生态环境的恶化，导致草地毒害草、鼠害、虫害灾害发生频繁，危害严重，全省毒害草危害面积达 175.68 万 hm²。

毒害草主要优势种群：豆科棘豆属甘肃棘豆、黄花棘豆、小花棘豆、镰形棘豆、宽苞棘豆、蓝花棘豆（*Oxytropis coerulea*），黄芪属变异黄芪，槐属苦豆子，野决明属披针叶黄华；瑞香科狼毒属瑞香狼毒；禾本科芨芨草属醉马芨芨草；菊科橐吾属黄帚橐吾；玄参科马先蒿属甘肃马先蒿；藜科假木贼属无叶假木贼（*Anabasis aphylla*）；等等（表 1-12）。

表 1-12　甘肃天然草地主要毒害草种类、地理分布与危害　　　　（单位：万 hm²）

序号	中文名称 / 拉丁名	危害面积	严重危害面积	重灾害地区（具体到县级）	危害牲畜种类
1	甘肃棘豆（*Oxytropis kansuensis*）			永登，武威地区（古浪、天祝），张掖地区（山丹、民乐、肃南），酒泉地区（阿克塞、肃北），甘南州（夏河、碌曲、玛曲），临夏州（临夏、永靖）	主要危害绵羊、马和山羊，其次还有牛和鹿
2	黄花棘豆（*Oxytropis ochrocephala*）	40.67	27.67	白银地区（靖远、会宁），平凉地区（静宁、庄浪），庆阳地区（镇原、环县）	
3	小花棘豆（*Oxytropis glabra*）			白银地区（景泰），武威地区（古浪、民勤），张掖地区（山丹、临泽、高台），酒泉地区（安西、金塔）	
4	瑞香狼毒（*Stellera chamaejasme*）	54.67	34.67	武威地区（天祝、古浪），张掖地区（山丹、肃南、民乐），酒泉地区（肃北），甘南地区（临夏、夏河、碌曲、玛曲）	牛、羊

续表

序号	中文名称 / 拉丁名	危害面积	严重危害面积	重灾害地区（具体到县级）	危害牲畜种类
5	醉马芨芨草 （*Achnaterum inebrians*）	30.00	28.00	武威地区（天祝、古浪），张掖地区（山丹、肃南、民乐），酒泉地区（肃北），甘南地区（临夏、夏河、碌曲、玛曲）	马属动物最敏感，牛、羊等反刍动物有一定的耐受性
6	变异黄芪 （*Astragalus variabilis*）	6.67	—	白银地区（景泰），武威地区（古浪、民勤），张掖地区（山丹、临泽、高台、民乐），酒泉地区（安西、金塔）	马、牛、绵羊、山羊、牦牛，尤以幼龄动物最为敏感
7	黄帚橐吾 （*Ligularia virgaurea*）	43.67	—	甘南地区（玛曲、碌曲、迭部）	牛、羊
8	无叶假木贼 （*Anabasis aphylla*）	—	—	酒泉地区（肃北、安西），白银地区（靖远），皋兰，陇东地区	牛、羊
9	苦豆子 （*Sophora alopecuroides*）	—	—	河西走廊荒漠、干旱地区广泛分布（敦煌、武威、张掖、靖远）	牛、羊
10	披针叶黄华 （*Thermopsis lanceolata*）	—	—	天水、临夏、甘南、定西的岷县、漳县以及祁连山区	马、牛、羊

注："—"表示无数据

九、新疆天然草地优势毒害草

新疆是中国主要牧区之一，天然草地总面积5725.88万hm²，其中北疆草地面积占54.00%，南疆草地面积占46.00%，占新疆总土地面积的34.34%，是林地面积的18倍，其中可利用草地面积4800.68万hm²，占新疆天然草地总面积的83.84%，占新疆5526.66万hm²农林牧用地总面积的86.86%，约占全国草地面积的12.31%（全国草地面积为3.9亿hm²），占西部草地面积的14.55%（西部草地面积3.3亿hm²），位居全国第三。

新疆天然草地有毒植物分布较广，面积达782.15万hm²，由于生态自然地理区域和局部生态地段的不同，使得有毒植物在山区所占比例大于平原区，60%分布于山地，40%分布于平原。以北疆分布种类多、数量大，南疆较少。山区主要集中分布于水分条件较好的草甸、草甸草地地带，干旱、半干旱的荒漠、荒漠草地及高寒地带的草地中分布较少。长期以来，无论是在山区草地还是在平原区草地，毒草在过牧退化的草地上大量滋生繁衍，形成群落，造成草地毒草化，仅伊犁州、阿勒泰地区草地毒草生长面积已达到可利用草场面积的23.62%和9.88%。

毒害草主要优势种群：在种类繁多的毒害草中，能形成群落，对草地畜牧业生产造成严重危害和损失的毒害草主要有禾本科芨芨草属醉马芨芨草；毛茛科乌头属白喉乌头（*Aconitum leucostomum*）；豆科棘豆属小花棘豆，黄芪属变异黄芪；菊科橐吾属橐吾；玄参科马先蒿属甘肃马先蒿；藜科假木贼属无叶假木贼；瑞香科狼毒属瑞香狼毒；百合科藜芦属新疆藜芦（*Veratrum lobelianum*）；等等（表 1-13～表 1-15）。

表 1-13　新疆各地州天然草地毒害草分布面积与主要毒害草种群

地州	天然草地面积 / 万 hm²	可利用草地面积 / 万 hm²	毒害草分布面积 / 万 hm²	毒害草分布面积占可利用草地面积比例 /%	主要毒害草种类
乌鲁木齐市	94.60	58.88	17.34	29.45	醉马芨芨草、无叶假木贼、瑞香狼毒、水麦冬、海韭菜等
哈密地区	419.33	390.00	33.80	8.67	变异黄芪、小花棘豆、醉马芨芨草、毒芹、骆驼蓬、苦豆子等
伊犁州	341.95	310.42	73.33	23.62	白喉乌头、准噶尔乌头、纳里橐吾、天山橐吾、瑞香狼毒、苦豆子、大叶橐吾、大戟等
塔城地区	703.38	572.04	66.67	11.65	苦豆子、无叶假木贼、乌头、准噶尔大戟、醉马芨芨草、小花棘豆、黄花棘豆、骆驼蓬、苍耳等
阿勒泰地区	984.24	723.93	71.53	9.88	小花棘豆、白喉乌头、准噶尔乌头、拟黄花乌头、新疆藜芦、毒芹等
博尔塔拉州	166.89	162.54	20.33	12.51	无叶假木贼、拟黄花乌头、空茎乌头、林地乌头、骆驼蓬、马先蒿、葫芦巴等
昌吉州	557.65	505.74	87.47	17.30	醉马芨芨草、无叶假木贼、木贼麻黄等
吐鲁番地区	73.56	66.52	2.73	4.10	荨麻草、醉马芨芨草、曼陀罗、盐生草等
巴音郭楞州	1101.81	824.00	76.66	9.30	马先蒿、小花棘豆、黄花棘豆、醉马芨芨草等
阿克苏地区	353.91	333.55	62.05	18.60	小花棘豆、醉马芨芨草、苦豆子等
克孜勒苏州	330.28	302.93	124.05	40.95	马先蒿、白喉乌头、准噶尔乌头、小花棘豆等
和田地区	262.72	247.56	26.93	10.88	小花棘豆、醉马芨芨草等
喀什地区	341.12	287.13	13.73	4.78	小花棘豆；无叶假木贼等
合计	5731.44	4785.24	676.62	14.14	

表 1-14　阿克苏地区天然草地毒害草分布面积

县区	毒草灾害发生乡镇	天然草地总面积 / 万 hm²	可利用草地面积 / 万 hm²	毒害草分布面积 / 万 hm²	毒害草分布面积占可利用草地面积比例 /%
库车	牙哈镇，乌尊镇，依奇可里克、巴格苏盖提艾肯、其克力克艾肯，塔里木乡，墩阔坦镇，哈尼喀塔木乡	65.58	62.04	19.46	31.37

续表

县区	毒草灾害发生乡镇	天然草地总面积/万 hm²	可利用草地面积/万 hm²	毒害草分布面积/万 hm²	毒害草分布面积占可利用草地面积比例/%
沙雅	托依堡勒镇、古力巴格乡、海楼乡、塔里木乡、努尔巴格乡、二牧场	31.11	29.36	10.13	34.50
乌什	亚曼苏柯尔，依麻木，阿合亚、阿恰塔格和奥特贝希乡	51.59	47.49	7.40	15.58
温宿	恰其力克牧场、阿热勒镇、土木秀克镇、克孜勒镇、博孜墩柯尔克孜乡	55.54	52.81	6.46	12.23
阿瓦提	拜什艾日克镇、阿依巴格乡、多浪乡、巴格托格拉克乡、乌鲁却勒镇	18.09	17.16	6.40	37.30
拜城	黑英山乡、铁热克镇、赛里木乡、托克逊乡	72.44	69.10	5.67	8.21
阿克苏市	哈拉塔勒镇、托海牧场、托普鲁克乡、拜什吐克曼乡	34.04	31.78	3.73	11.74
新和	玉奇喀特乡、尤鲁都斯巴格乡	11.60	10.81	2.07	19.15
柯坪	阿恰勒乡、盖孜力克乡	13.92	13.00	0.73	5.62
合计		353.91	333.55	62.05	18.60

表 1-15　新疆天然草地主要毒害草种类、地理分布与危害　　　（单位：万 hm²）

序号	中文名称/拉丁名	危害面积	严重危害面积	重灾害地区（具体到县级）	危害牲畜种类
1	小花棘豆（Oxytropis glabra）	174.36	70.92	阿勒泰地区，巴音郭楞州（尉犁、轮台、若羌），阿克苏地区（阿瓦提、沙雅、乌什、库车、拜城、阿拉尔、温宿），和田地区（策勒），喀什地区（巴楚、疏勒、疏附），克孜勒苏州（阿合奇）	主要危害绵羊、马和山羊，其次还有牛和鹿
2	无叶假木贼（Anabasis aphylla）	174.36	82.50	博尔塔拉州（五台、博乐），昌吉州（呼图壁、玛纳斯），塔城地区，乌鲁木齐，石河子、奎屯	牛、羊
3	醉马芨芨草（Achnaterum inebrians）	123.93	44.87	塔城地区，昌吉州（阿什里），吐鲁番地区，哈密地区（巴里坤），阿克苏地区，和田地区，巴音郭楞州，乌鲁木齐（南山牧场、萨尔达坂）	马属动物最敏感，牛、羊等反刍动物有一定的耐受性
4	乌头属（Aconitum）	121.33	103.86	伊犁地区（新源、尼勒克、伊宁、巩留、特克斯），塔城地区，阿勒泰地区（富蕴、福海），博尔塔拉州，克孜勒苏州，哈密地区（巴里坤）	马、牛、羊等各种动物
5	马先蒿属（Pedicularis）	37.33	—	巴音郭楞州（巴音布鲁克），克孜勒苏州，博州（温泉），博乐，阿勒泰（布尔津、青河），伊犁（昭苏、尼勒克）	牛、羊
6	橐吾属（Ligularia）	9.67	6.00	伊犁地区（特克斯、巩留、新源、察布查尔），昌吉州（阿什里），巴音布鲁克	牛、羊

序号	中文名称/拉丁名	危害面积	严重危害面积	重灾害地区（具体到县级）	危害牲畜种类
7	变异黄芪（*Astragalus variabilis*）	8.85	—	哈密地区马鬃山一带（哈密、伊吾、巴里坤），昌吉州（奇台）	马、牛、绵羊、山羊、牦牛，尤以幼龄动物最为敏感
8	藜芦属（*Veratrum*）	10.13	—	阿勒泰地区	各种动物，常发生于马、牛、山羊、绵羊
9	瑞香狼毒（*Stellera chamaejasme*）	3.23	—	伊犁地区（昭苏）	牛、羊
10	针茅（*Stipa capillata*）	27.53	—	伊犁地区（昭苏）	牛、羊

注："—"表示无数据

十、四川天然草地优势毒害草

四川拥有草地面积 2086.67 万 hm²，占全省土地面积的 43%，可利用天然草地面积 1786.67 万 hm²，占全省草地总面积的 85.6%。全省天然草地有 1633.33 万 hm² 集中连片分布在甘孜、阿坝、凉山三个民族自治州，主要分布在海拔 2800～4500m 的地带，属全国五大牧区之一。全省草地分布地区地形地貌复杂，水热条件分布不均，植被类型多样。西部为青藏高原的东延部分，平均海拔 4000m 左右；西北部相对高差 50～100m，地势开阔平坦，气候严寒，日照强烈，80% 的降水集中在 5～8 月，草地以高寒草甸、高寒灌丛草地为主；东南部为横断山地区，高山峡谷纵横，高差悬殊，小气候效应显著，垂直变化明显，温差大，干湿季分明，草地以山地草甸草地、山地灌草丛草地为主；西南部为山地地区，海拔 1000～3500m，地貌与云贵高原相似，部分地区为亚热带气候，暖季长，热量多，草地资源垂直分布现象明显，自高而低分别有亚高山草甸、山地草甸、山地灌草丛、干旱河谷灌丛草地；盆地内地貌以平原、丘陵为主，气候温和，土壤肥沃，土地垦殖利用高，主要分布有农隙地草地和零星的灌草丛草地。四川草地类型多样，共有 11 类 35 组 126 个型，高寒草甸草地类、高寒灌丛草地类和山地灌草丛草地类位列四川草地面积的前三位，分别占全省草地总面积的 49%、15% 和 9%。天然草地以禾本科、豆科、莎草科和杂类草为主，其中禾本科植被 107 属 355 种、豆科植物 64 属 213 种。据四川省草原总站统计，2010 年全省草地毒害草发生面积 732.09 万 hm²，占全省可利用天然草地面积的 40.98%，严重危害面积 167.97 万 hm²。

毒害草主要优势种群：主要有菊科泽兰属紫茎泽兰，橐吾属黄帚橐吾；瑞香科狼毒属瑞香狼毒；豆科棘豆属甘肃棘豆、黄花棘豆；大戟科大戟属狼毒大戟（*Euphorbia fischeriana*）；毛茛科乌头属乌头，翠雀属翠雀（*Delphinium grandiflorum*）；伞形科毒芹属毒芹（*Cicuta virosa*）；玄参科马先蒿属（*Pedicularis*）；唇形科香薷属密花香薷（*Elsholtzia densa*）；等等。主要分布在过度放牧、鼠虫害危害严重的退化草地。生物入侵物种紫茎泽兰发生面积 101.82 万 hm²，严重危害面积 50.10 万 hm²，主要分布在凉山、攀枝花、雅安、宜宾、泸州、乐山、甘孜州 7 个市州约 43 个区县。其中，凉山州和攀枝花市发生面积分别为 62.57 万 hm² 和 37.92 万 hm²，共占全省紫茎泽兰发生面积的 98.7%（表 1-16）。

表 1-16 四川天然草地主要毒害草种类、地理分布与危害 （单位：万 hm²）

序号	中文名称/拉丁名	危害面积	重灾害地区（具体到县级）	危害牲畜种类
1	紫茎泽兰 （*Eupatorium adenophorum*）	101.82	凉山、攀枝花、雅安、甘孜、泸州、宜宾、乐山 7 个市州约 43 个区县	主要危害马属动物，牛、羊一般不食
2	瑞香狼毒 （*Stellera chamaejasme*）	—	甘孜州（石渠、白玉、德格、乡城等县），阿坝州（红原、若尔盖、松潘、卧龙），凉山州，雅安地区，攀西地区	牛、羊
3	黄帚橐吾 （*Ligularia virgaurea*）	—	甘孜州（理塘、康定、石渠、德格、色达等地县），阿坝州（若尔盖、红原、九寨）	各种动物，包括野生动物
4	甘肃棘豆 （*Oxytropis kansuensis*）	82.49	阿坝州（红原、若尔盖、松潘、卧龙），甘孜州（石渠、德格、理塘、雅江、新龙、丹巴等县）	马最敏感，其次为山羊、绵羊，对成年牦牛、羊的危害性不大，但对羔羊的危害性较为突出
5	黄花棘豆 （*Oxytropis ochroce*）		甘孜州（石渠、德格、甘孜、理塘、乡城、丹巴），阿坝州（红原、若尔盖、松潘）	
6	密花香薷 （*Elsholtzia densa*）	—	甘孜州（石渠、甘孜、康定、理塘、新龙、乡城、丹巴），阿坝州（红原、若尔盖）	各种动物，包括野生动物
7	马先蒿属 （*Pedicularis*）	—	甘孜州（石渠、德格、理塘、甘孜、泸定等县）	各种动物，包括野生动物
8	狼毒大戟 （*Euphorbia fischeriana*）	—	凉山州（木里），甘孜州（石渠、德格、甘孜、色达），阿坝州（红原、若尔盖）	各种动物，包括野生动物
9	醉马芨芨草 （*Achnaterum inebrians*）	—	阿坝州（红原、若尔盖、阿坝、松潘），甘孜州（石渠、色达、壤塘、理塘、甘孜、白玉、道孚、德格、康定、炉霍、乡城、色塘、马尔康、金川、黑水、理县、石渠、茂汉、南坪、小金）	马属动物最敏感，牛、羊等反刍动物有一定的耐受性
10	乌头属 （*Aconitum*）	—	甘孜州（石渠、德格、甘孜等县），阿坝州，雅安地区	各种动物，包括野生动物，主要危害马、牛、羊

注："—"表示无数据

十一、宁夏天然草地优势毒害草

宁夏位于中国大陆西北腹地，居黄河中游上段，全区地形地貌复杂多样，气候南北差异悬殊且复杂多变，造成多种多样的草地类型。宁夏拥有天然草地 301.40 万 hm²，占自治区国土面积的 47.20%。境内天然草地具有明显的水平分布规律，从南到北依次分布着森林草原、草甸草原、干草原、荒漠草原、草原化荒漠等 11 个草地类和 353 个草地型。干草原和荒漠草原是宁夏草地植被的主体，分别占草地总面积的 24% 和 55%。天然草原主要分布在南部黄土高原丘陵区和中部风沙干旱区，是宁夏生态系统的重要组成部分和黄河中游上段的重要水源涵养与生态保护屏障。宁夏地处我国西北农牧交错带，是传统的农牧业经济区，畜牧业既是优势产业，又是重要的民族经济与农村支柱产业。由于其特有的地域特点，畜牧业的发展既具有牧区畜牧业的特点，又有农区畜牧业的优势。草原不仅是国家重要的可更新自然生物资源和草地畜牧业最重要的物质基础，而且还具有保护环境、防风固沙、蓄水保土、涵养水源、美化环境、净化空气、保护生物多样性等功能，是陆地生态系统的重要组成部分。长期以来，人们对草地在发展持续经济、维护生态平衡的战略地位及其在社会、政治、经济等领域的巨大作用缺乏认识，在开发利用草地过程中，往往只顾眼前利益、乱开滥垦、掠夺式利用而缺乏有效的建设和保护措施，造成草地大面积退化、沙化、植被盖度不断下降，草地的生态功能被弱化甚至丧失，造成严重生态破坏。在 20 世纪 90 年代初，北方草原退化比例为 51%，90 年代末发展到 62%，西北荒漠草地退化比例达到 80%；宁夏退化草地比例则高达 97%，其中中度和重度退化面积占 75.2%，在中部风沙干旱区，沙化草地面积占草原总面积的 24.8%。草原退化沙化对区域经济和生态环境的影响极为严重，草地植物多样性破坏，可食牧草急剧减少，草地生产能力下降，毒害草增加。据不完全统计，宁夏天然草地有毒有害植物约有 31 科 78 属 129 种，分布面积达 101.77 万 hm²。

毒害草主要优势种群：豆科棘豆属黄花棘豆、小花棘豆，黄芪属变异黄芪；野决明属披针叶黄华，槐属苦豆子；萝藦科鹅绒藤属牛心朴子；禾本科芨芨草属醉马芨芨草；瑞香科狼毒属瑞香狼毒；旋花科菟丝子属中国菟丝子（*Cuscuta chinensis*）；等等（表 1-17）。

表 1-17 宁夏天然草地主要毒害草种类、地理分布与危害 （单位：万 hm²）

序号	中文名称/拉丁名	危害面积	重灾害地区（具体到县级）	危害牲畜种类
1	黄花棘豆（*Oxytropis ochrocephala*）	8.00	固原地区海原（南华山与西华山）、固原（西山）、西吉（月亮山）、隆德、泾源（六盘山）	各种家畜都可中毒，主要危害马、绵羊和山羊
2	小花棘豆（*Oxytropis glabra*）	—	石嘴山地区（平罗、陶乐），吴忠地区（盐池、灵武、吴忠）	
3	变异黄芪（*Astragalus variabilis*）	—	石嘴山地区（陶乐、石嘴山），吴忠地区（灵武），中卫地区（中卫）	
4	牛心朴子（老瓜头）（*Cynanchum komarovii*）	38.47	盐池、同心、中卫、中宁、青铜峡、灵武，以及包兰铁路以西沿贺兰山一带	牛、羊、骆驼

续表

序号	中文名称/拉丁名	危害面积	重灾害地区（具体到县级）	危害牲畜种类
5	苦豆子 （*Sophora alopecuroides*）	20.00	盐池、灵武、陶乐和南部山区	各种家畜
6	中国菟丝子 （*Cuscuta chinensis*）	33.30	中卫市城区、中宁、盐池、银川市兴庆区、平罗、灵武市	属于害草，动物一般不食
7	醉马芨芨草 （*Achnaterum inebrians*）	—	宁夏南部（海原、固原、西吉、隆德、泾源）黄土丘陵和山地，以及中北部贺兰山、香山、罗山等山地	马属动物最敏感，牛、羊等反刍动物有一定的耐受性
8	瑞香狼毒 （*Stellera chamaejasme*）	—	宁南黄土丘陵地区	牛、羊
9	披针叶黄华 （*Thermopsis lanceolata*）	—	吴忠地区（盐池、吴忠、灵武），固原地区（海原、固原、西吉、隆德、泾源）	马、牛、羊
10	苦马豆 （*Sphaerophysa salsula*）	—	盐池、灵武、陶乐	马属动物最敏感，牛、羊等反刍动物有一定的耐受性

注："—"表示无数据

十二、中国西部天然草地几种主要毒害草

1. 有毒棘豆和有毒黄芪

全世界豆科棘豆属植物有 350 多种，黄芪属植物有 1800 多种。《中国植物志》记载的中国棘豆属植物有 150 多种，黄芪属植物有 300 多种。在中国，棘豆属和黄芪属植物多数是牲畜可以采食的优良牧草，有些是中药材资源可以入药，有些具有毒性，牲畜采食后可引起中毒，严重者导致死亡。通过现场调查与资料查阅，发现中国天然草地有毒棘豆和有毒黄芪类有毒植物有 46 种，其中棘豆属 23 种、黄芪属 23 种，对草地畜牧业构成严重灾害的有 12 种。有毒棘豆有 9 种，包括小花棘豆、甘肃棘豆、黄花棘豆、冰川棘豆、毛瓣棘豆、急弯棘豆、宽苞棘豆、镰形棘豆和硬毛棘豆（*Oxytropis hirta*）。有毒黄芪有 3 种，包括茎直黄芪、变异黄芪和哈密黄芪。有毒棘豆和有毒黄芪在中国主要分布于西藏、内蒙古、青海、甘肃、新疆、宁夏、陕西、四川等省（自治区），面积超过 1100 万 hm²，约占全国草地总面积的 2.8%、西部草地面积的 3.3%。每年有大批牲畜因采食有毒棘豆和有毒黄芪而中毒死亡，造成直接经济损失高达几十亿元，给农牧民带来巨大的经济损失，严重影响农牧民的经济收入和社会的稳定，动摇农牧民对草原的安全感（表 1-18、表 1-19）。

表 1-18　中国西部天然草地主要有毒棘豆和有毒黄芪种类、面积与灾害状况　　（单位：万 hm²）

省（自治区）	有毒棘豆和有毒黄芪面积 / 万 hm²	有毒棘豆和黄芪种类	毒性灾害重灾地区
西藏	282.10	茎直黄芪	拉萨地区（达孜、林周、当雄），日喀则地区（仲巴、萨嘎、江孜、拉孜、昂仁），山南地区（乃东、曲松、加查），林芝地区（米林、林芝、波密），那曲地区（那曲、班戈、巴青）
		冰川棘豆	阿里地区（措勒、改则、革吉、普兰），那曲地区（申扎、班戈、双湖），山南地区（浪卡子）
		毛瓣棘豆	拉萨地区（曲水、达孜、尼木、堆龙德庆），山南地区（乃东、曲松、加查、贡嘎），日喀则地区（萨迦、白朗、江孜、拉孜）
内蒙古	239.83	小花棘豆	阿拉善盟、鄂尔多斯、巴彦淖尔盟、乌兰察布盟
		变异黄芪	阿拉善盟、鄂尔多斯、巴彦淖尔盟
		哈密黄芪	阿拉善盟（额济纳旗）
青海	206.06	甘肃棘豆	西宁（湟源），海北州（祁连、刚察、海晏），海西州（天峻、乌兰、都兰），海南州（共和、贵德、兴海），黄南州（泽库、河南）
		黄花棘豆	西宁（湟源、湟中），海东地区（互助、化隆、高庙、平安）
		镰形棘豆	海北州、海西州、果洛州、玉树州
		急弯棘豆	海北州（祁连、刚察、海晏），海西州（天峻、乌兰、都兰）
		宽苞棘豆	海西州（天峻、都兰、乌兰、祁连）
		变异黄芪	海西州（格尔木）
四川	82.49	甘肃棘豆	阿坝州（红原、若尔盖、阿坝、松潘），甘孜州（雅江、甘孜、理塘、九龙）
		黄花棘豆	阿坝州（红原、若尔盖、阿坝、松潘），甘孜州（雅江、甘孜、理塘、九龙）
		镰形棘豆	甘孜州（甘孜、巴塘）
新疆	70.92	小花棘豆	阿勒泰地区，阿克苏地区（阿瓦提），喀什地区（疏附、疏勒），巴音郭楞州（尉犁轮台），克孜勒苏州（阿哈奇）
		变异黄芪	哈密、巴里坤、伊吾、奇台
甘肃	34.34	甘肃棘豆	天祝，永登，肃南，肃北，阿克塞，甘南（碌曲、玛曲）
		黄花棘豆	静宁、会宁、靖远、平凉、镇远
		小花棘豆	民勤、景泰、金昌、临泽、高台
		变异黄芪	民乐、民勤、金昌、临泽、高台
		镰形棘豆	甘肃南部（甘南藏族自治州）
宁夏	8.00	黄花棘豆	固原地区（西吉、海原、固原、彭阳、隆德、泾源）
		变异黄芪	石嘴山地区（平罗、陶乐）
		小花棘豆	石嘴山地区（平罗），吴忠地区（吴忠、灵武、盐池）
陕西	—	小花棘豆	定边、靖边、榆林、神木

注："—"表示无数据

表 1-19 中国西部天然草地主要有毒棘豆和有毒黄芪生境与地理分布 （单位：m）

种属	海拔	生境	省（自治区）分布
小花棘豆 （*Oxytropis glabra*）	440～3400	生于干旱荒漠草原、沙漠地区、滩地草场、河谷阶地、冲积川地及盐土草滩，尤其是沙丘边缘的倾斜地带和碱性钙质沙土	内蒙古（阿拉善盟、鄂尔多斯、巴彦淖尔盟），甘肃（景泰、民勤、临泽、高台），宁夏（平罗、陶乐、盐池），新疆（巴音郭楞州、克孜勒苏州、阿勒泰、阿克苏、喀什和田地区），陕西（定边、榆林、神木）
甘肃棘豆 （*Oxytropis kansuensis*）	2200～5300	生于高山草甸、高山林下、山坡草地、河边草地、沼泽地、山坡林间砾石地，尤其是高山草甸土	青海（海北州、黄南州、海南州、海西州），甘肃（天祝、永登、民乐、肃南、山丹、张掖、肃北、阿克塞、临夏、夏河），四川（若尔盖、阿坝、红原、松潘），西藏（当雄、林周、墨竹工卡、工布江达、昌都）
黄花棘豆 （*Oxytropis ochrocephala*）	1900～5100	生于田埂、荒山、平原草地、山坡草地、高山草甸、沼泽地、干河谷阶地、山坡砾石草地、林间空地，尤其是黑垆土	宁夏（海原、固原、西吉、隆德、泾源），青海（湟中、湟源、民和、乐都、互助、循化、化隆），甘肃（静宁、会宁、靖远、平凉、镇远）
冰川棘豆 （*Oxytropis glacialis*）	4400～5300	生于高海拔的山坡草地、砾石山坡、河滩砾石地、沙质地，尤其是高山漠土	西藏阿里地区（噶尔、普兰、札达、日土、革吉、改则、措勤），西藏北部和中部高海拔无人区
毛瓣棘豆 （*Oxytropis sericopetala*）	2900～4450	生于河滩砂地、沙页岩山地、沙丘土、山坡草地、冲积扇砾砂地、卵石滩地，尤其是碱性钙质沙土或荒漠土	西藏（乃东、桑日、曲松、加查、朗县、拉萨、达孜、林周、曲水、堆龙德庆、日喀则、尼木、布仁、江孜、白朗、拉孜、贡嘎）
镰形棘豆 （*Oxytropis falcate*）	2700～4300	生于草原地带和草甸草原群落中的山坡草地、灌木林、草甸、河滩、沙地、沟谷砾石地，尤其是沙质土	青海（玉树州、果洛州、海北州、海西州、海南州），西藏（林芝、昌都地区），甘肃（南部），四川（阿坝州、甘孜州）
急弯棘豆 （*Oxytropis deflexa*）	3330～5000	生于高海拔的草甸草原、河谷、草原灌丛的砾石地，尤其是高山草甸土	青海（祁连、刚察、天峻、乌兰、都兰），甘肃（天祝、肃南），新疆（阿勒泰、布尔津）
宽苞棘豆 （*Oxytropis latibracteata*）	1700～4200	生于山前洪积滩地、河漫滩、干旱山坡、阴坡、亚高山灌丛草甸、杂草草甸，尤其是高山草甸土	青海（海西州、海北州），甘肃（甘南与河西走廊），四川（西北部），西藏（西北部和中部），新疆（北部）
茎直黄芪 （*Astragalas strictus*）	2900～4800	生于河流滩地、山坡及湖边草地、河边湿地、村旁、路旁、田边，尤其是高山草甸土	西藏冈底斯山东南部，广泛分布于日喀则、拉萨、山南、那曲、昌都、林芝等地区
变异黄芪 （*Astragalas variabilis*）	900～1900	生于荒漠及半荒漠地带、干涸河床冲积砂质黄土上、半固定沙丘间、戈壁，尤其是碱性钙质沙土或棕钙土	内蒙古（阿拉善盟、巴彦津尔盟、鄂尔多斯），甘肃（景泰、武威、民勤、张掖、民乐、山丹、高台、临泽、酒泉、敦煌、金塔），新疆（哈密马鬃山一带和昌吉奇台），宁夏（陶乐），青海（格尔木）
哈密黄芪 （*Astragalas hamiensis*）	800～1500	生于戈壁滩上及近水的砂地，尤其是荒漠土	内蒙古（额济纳旗），新疆（哈密），甘肃（敦煌）

动物采食有毒棘豆或有毒黄芪后可引起以慢性神经机能障碍为特征的中毒，能使

动物发疯，在国际上形象地把这类毒害草称为疯草（locoweed）。近年来有毒棘豆和有毒黄芪的分布面积和强度不断增大，造成动物大批中毒死亡，危害程度已超过雪灾和疫病，已经成为危害中国西部天然草地畜牧业可持续发展的严重毒害草，被列为中国毒害草灾害之首。有毒棘豆和有毒黄芪属常年烈性毒害草，全草有毒，主要毒性成分为生物碱苦马豆素。马属动物最敏感，其次为山羊、绵羊和牛，啮齿动物有很大的耐受性。中毒常发生于冬春季缺草季节，干旱年份有暴发的倾向。牲畜有毒棘豆和有毒黄芪中毒主要表现为慢性中毒，采食有毒棘豆或有毒黄芪的初期，牲畜体重增加，持续采食体重反而下降，一般连续采食1～3个月后发生中毒。早期表现精神差，头部水平摇晃，反应迟钝，目光呆滞；中期表现共济失调，后肢无力，行走时后躯摇摆，赶急时会摔倒（像人喝醉酒样的表现）；后期，卧地不起，极度消瘦，最后因极度衰竭而死亡。怀孕母畜可出现流产、产死胎、产弱胎等。

2. 瑞香狼毒

瑞香狼毒俗称断肠草、馒头花等，是瑞香科狼毒属多年生草本植物，多生于草地、草甸草地、高山、亚高山高寒草甸、沙地、山地和丘陵。在我国广泛分布于西北、东北、华北、西南等地的干草原、沙质草原和典型草原的退化草地上，为草原植物群落的伴生种。尤其是在西藏、青海、甘肃、内蒙古、四川、新疆等省（自治区）重度退化的天然草地瑞香狼毒已成为优势毒害草建群种。瑞香狼毒是草地植被长期逆向演替的产物，其具有和其他植物种竞争的能力，比其他植物种更能忍受和适应逆境条件。根据调查（2014年统计），青海省瑞香狼毒分布面积达140万hm²，黄南州、玉树州、海北州、海南州、海西州、海东等地区均有分布；甘肃的肃南、肃北、甘南等地瑞香狼毒分布面积达46.60万hm²；内蒙古的阿鲁科尔沁旗达13.30万hm²；新疆伊犁州昭苏天然草地瑞香狼毒分布面积达3.23万hm²（表1-20）。

表1-20 中国部分省（自治区）天然草地瑞香狼毒地理分布

省（自治区）	可利用草地面积/万hm²	分布面积/万hm²	分布面积占可利用草地面积比例/%	优势种群分布地区
青海	3153.07	140.00	4.44	黄南州（同仁、泽库、河南），玉树州（曲麻莱、治多、称多、玉树），海北州（祁连、刚察、海晏），海南州（共和、兴海、贵南、同德），海西州（天峻、乌兰、都兰）
甘肃	1607.16	46.60	2.90	张掖地区（肃南、民乐），武威地区（天祝），酒泉地区（肃北），甘南藏族自治州（夏河、碌曲、玛曲）
内蒙古	6359.10	13.30	0.21	呼伦贝尔盟（新巴尔虎左旗、鄂温克旗、陈巴尔虎旗、额尔古纳、鄂伦春旗），锡林郭勒盟（东乌、正蓝旗、正镶白旗），赤峰（阿鲁科尔沁旗、巴林左旗、巴林右旗、克什克腾旗），乌兰察布盟（四子王旗），鄂尔多斯（伊金霍洛旗）

省 （自治区）	可利用草地 面积 / 万 hm²	分布面积 / 万 hm²	分布面积占可利用草 地面积比例 /%	优势种群分布地区
新疆	4800.68	3.23	0.07	伊犁州（昭苏）
西藏	7084.68	—	—	日喀则地区（昂仁、拉孜、萨迦、日喀则），那曲地区（那曲、安多、聂荣、班戈），山南地区（浪卡子），拉萨（林周、当雄），昌都地区
四川	1962.03	—	—	甘孜州、阿坝州、凉山州
河北	471.21	—	—	坝上草原（保康、张北、尚义、沽源）

注："—"表示无数据

瑞香狼毒全株有毒，根部毒性最大，花粉剧毒。由于成株茎叶中含有萜类成分，味劣，家畜一般不采食其鲜草，但春季幼苗期，牛、羊等动物因贪青或处于饥饿状态易误食而发生中毒，引起腹部剧痛、腹泻、四肢无力、卧地不起、全身痉挛、头向后弯、心悸亢进、粪便带血，严重时虚脱或惊厥死亡，母畜可致流产，故有"断肠草"之称。如果在含有大量花期瑞香狼毒植株的草地上放牧，家畜也可能因吸入瑞香狼毒花粉导致中毒。人接触植株，能引起过敏性皮炎及头痛，花粉对人眼、鼻、喉有强烈而持久的辛辣性刺激。主要毒性成分可能为狼毒素、异狼毒素等黄酮类化合物或毒性蛋白。

3. 醉马芨芨草

醉马芨芨草为禾本科芨芨草属多年生草本植物，别名药草。分布于内蒙古、宁夏、甘肃、新疆、青海、四川及西藏海拔 2000～3000m 的高山草地、山坡草地、草丛、高山灌丛。在阿拉善盟荒漠草地，醉马芨芨草的分布面积仅次于小花棘豆和变异黄芪，达 13.05 万 hm²，占可利用草地面积的 0.21%。甘肃永登醉马芨芨草分布面积占天然草地面积的 45%～50%。新疆天然草地醉马芨芨草分布面积达 123.93 万 hm²，特别是在新疆天山南北坡、昌吉州阿什里乡的河谷草甸、山地荒漠草原、山地草原、山地草甸草原、山地草甸等不同垂直带醉马芨芨草覆盖度高达 85% 以上（表 1-21）。

表 1-21 中国部分省（自治区）天然草地醉马芨芨草地理分布

省 （自治区）	可利用草地 面积 / 万 hm²	分布面积 / 万 hm²	分布面积占可利用草 地面积比例 /%	优势种群分布地区
新疆	4800.68	123.93	2.58	塔城地区，昌吉州（阿什里），吐鲁番地区，哈密地区（巴里坤），阿克苏地区，和田地区，巴音郭楞州，乌鲁木齐（南山牧场、萨尔达坂）
甘肃	1607.16	30.00	1.87	武威地区（天祝、古浪），张掖地区（山丹、肃南、民乐），酒泉地区（肃北），甘南地区（临夏、夏河、碌曲、玛曲）
青海	3153.07	57.25	1.82	海北州（海晏、刚察、祁连），海南州（同德），黄南州（泽库、河南）及海东乐都等
内蒙古	6359.10	13.05	0.21	阿拉善盟（阿左旗、阿右旗），鄂尔多斯

醉马芨芨草属常年烈性毒害草，全草有毒，牲畜在饥不择食的情况下或在与其他青草混杂后误食，从外地引入的牲畜由于对醉马芨芨草缺乏识别能力而主动采食，均可发生中毒。马属动物最敏感，牛、羊等反刍动物有一定的耐受性，马、骡、驴采食醉马芨芨草鲜草量达到体重的 1% 时，30～60min 后即出现中毒症状，一般呈急性中毒。主要表现口吐白沫、精神沉郁、食欲减退、头耳下垂、行走摇晃、呼吸促迫等症状，只要及时发现，立即停止采食，一般可恢复。此外，醉马芨芨草的芒刺入皮肤和口腔黏膜可发生红肿、血斑，以至溃疡，刺伤角膜者可致失明。醉马芨芨草的毒性成分是一种水溶性生物碱，属于麦角生物碱类，有毒物质的产生是醉马芨芨草体内共生有内生真菌引起麦角生物碱积累的结果。

4. 乌头属有毒植物

中国约有 167 种毛茛科乌头属一年生或多年生草本植物。迄今为止，该属报道危害最严重的是白喉乌头、准噶尔乌头（*Aconitum soongaricum*）、露蕊乌头（*Aconitum gymnandodrum*）和工布乌头。白喉乌头和准噶尔乌头生长在海拔 1400～2500m 的山地草坡或山谷沟边，广泛分布于新疆伊犁河谷山区及阿尔泰山南坡至准噶尔西部等天然草地，仅伊犁河谷草原白喉乌头和准噶尔乌头的危害面积就达 39.30 万 hm²，是当地主要毒害草之一。露蕊乌头广泛分布在西藏、四川西部、青海、甘肃南部，生长于海拔 1550～3800m 的山地草坡、田边草地。工布乌头分布于中国西藏、四川西部，生于海拔 3050～3650m 的山坡草地或灌丛（表 1-22）。

表 1-22　中国天然草地乌头属主要有毒植物生境与地理分布　　　　（单位：m）

种属	海拔	生境	省（自治区）分布
白喉乌头 （*Aconitum leucostomum*）	1400～2500	生于山坡草地、草甸或山谷沟边	新疆伊犁州（新源、巩留、尼勒克、特克斯、伊宁、察布查尔、昭苏）和阿勒泰地区（富蕴、福海、布尔津、哈巴河），甘肃西北部（山丹）
准噶尔乌头 （*Aconitum soongaricum*）	1200～2600	生于山地阳坡草甸	新疆伊犁州（新源、巩留、尼勒克、伊宁、昭苏），塔城地区（裕民、托里），哈密地区（伊吾、哈密）
露蕊乌头 （*Aconitum gymnandodrum*）	1500～3800	生于山坡草地或林边草地	西藏，四川西北部（甘孜州、阿坝州），青海（海北州、黄南州）和甘肃（甘南州）
工布乌头 （*Aconitum kongboense*）	3000～3700	生于山坡草地或灌丛	西藏（林芝、工布江达），四川西部（若尔盖、红原）
北乌头 （*Aconitum kusnezoffii*）	200～2400	生于山坡草地、疏林或草甸	内蒙古、辽宁、吉林、黑龙江

乌头属植物全株有毒，毒性成分是乌头碱、次乌头碱、乌头原碱等二萜类生物碱，以块根毒性最大，枝叶枯萎后的块根有剧毒，种子次之，叶子毒性较小。乌头地上部分幼嫩时毒性较轻，开花期毒性最强，结实之后毒性减为最低。各种家畜均可

中毒，马采食乌头植物达体重的 0.075% 即可致死。马中毒后表现为流涎、作吞咽动作、呕吐、脉搏减缓、瞳孔散大、呼吸困难、运动中枢和感觉麻痹等；牛、羊中毒后表现流涎、腹痛、腹泻、瘤胃臌气、肌肉震颤、呼吸困难、瞳孔散大、体温下降，最终因心脏麻痹和呼吸衰竭而死亡。

5. 橐吾属有毒植物

菊科橐吾属（*Ligularia*）多年生草本，俗称日侯（青海藏族）、嘎和（四川藏族）、西伯利亚橐吾、北橐吾、大马蹄、葫芦七、马蹄叶、山紫菀等。全世界橐吾属植物约 150 种，绝大多数产于亚洲，其次是欧洲和俄罗斯。中国有 111 种，分布于内蒙古、青海、新疆、西藏、甘肃西部、陕西北部、山西、云南西北部、四川西北部、贵州、河北、湖南、安徽，以及东北地区等，生长于海拔 373～4700m 的地区，多生长在山坡、沼泽、湿草地、河边或林缘，尤其在退化草地已经成为优势种群。目前对天然草地畜牧业危害严重的主要是黄帚橐吾、藏橐吾（*Ligularia rumicifolia*）、纳里橐吾（*Ligularia narynensis*）和大叶橐吾（*Ligularia macrophylla*）（表 1-23）。

表 1-23 中国天然草地橐吾属常见有毒植物生境与地理分布　　　　（单位：m）

种类	海拔	生境	省（自治区）分布
黄帚橐吾 （*Ligularia virgaurea*）	2200～4700	生于河滩、沼泽草甸、高山草甸、阴坡湿地及灌丛中	甘肃（夏河、碌曲、玛曲），青海（泽库、河南），四川西北部（石渠、阿坝、红原、若尔盖），云南西北部、西藏
纳里橐吾 （*Ligularia narynensis*）	1500～2500	生于山地草甸、亚高山草甸	新疆伊犁州的特克斯、伊宁、霍城，阿勒泰地区的阿勒泰、布克赛尔，托里、精河、博乐、温泉、托克逊、和静、库车等
大叶橐吾 （*Ligularia macrophylla*）	700～2900	生于河谷水边、芦苇沼泽、阴坡草甸及林缘	新疆伊犁河谷（新源、尼勒克、霍城、察布查尔），乌鲁木齐，布尔津，精河、温泉，库车
藏橐吾 （*Ligularia rumicifolia*）	3700～4500	生于湖边、林下、灌丛及山坡草地	西藏东南部（工布江达、浪卡子）至东北部（当雄、尼木）
蹄叶橐吾 （*Ligularia fischeri*）	100～2700	生于水边、草甸、山坡、灌丛、林缘阴湿草地及林下草地	四川、湖北、贵州、湖南、河南、安徽、浙江、甘肃、陕西、华北及东北地区
细茎橐吾 （*Ligularia ianthochaeta*）	3000～4200	生于山坡、灌丛、林中、水边及高山草地	西藏、云南西北部、四川、陕西（太白山）
狭苞橐吾 （*Ligularia intermedia*）	500～2200	生于水边、山坡、林缘及高山草地	云南西北和东北部、四川、贵州、湖北、湖南、河南、甘肃、陕西、华北及东北区
全缘橐吾 （*Ligularia mongolica*）	300～1500	生于沼泽草甸、草地湿地、山坡、林间及灌丛	黑龙江、吉林、河北及内蒙古等省（自治区）

续表

种类	海拔	生境	省（自治区）分布
鹿蹄橐吾 （*Ligularia hodgsonii*）	400~2800	生于河边、山坡草地及林中	四川、云南、贵州、湖北、安徽等地
网脉橐吾 （*Ligularia dictyoneura*）	1900~3600	生于灌丛、水边、林下及山坡草地	云南西北部及四川西部
大头橐吾 （*Ligularia japonica*）	900~2300	生于水边、山坡及林下草地	湖北、湖南、江西、浙江、安徽、广西、广东、福建
齿叶橐吾 （*Ligularia dentata*）	650~3200	生于山坡、水边、林缘和林中草地	云南、四川、贵州、甘肃、陕西、山西、湖北、广西、湖南、江西、安徽、河南
黑紫橐吾 （*Ligularia atroviolacea*）	3000~4000	生于冷杉林下、高山草地	云南西北部
莲叶橐吾 （*Ligularia nelumbifolia*）	2350~3900	生于林下、山坡和高山草地	云南西北部至东北部、四川西南部至西北部、湖北西部、甘肃西南部
糙叶大头橐吾 （*Ligularia japonica*）	约650	生于山坡、溪边	江西、浙江、广东、福建
掌叶橐吾 （*Ligularia przewalskii*）	1100~3700	生于山地林缘、灌丛、溪边草甸	四川、青海、甘肃、宁夏、陕西、内蒙古
长叶橐吾 （*Ligu laria longifolia*）	1850~3050	生于沼泽地带	云南西部至南部、四川西南部
侧茎橐吾 （*Ligu laria pleurocaulis*）	3000~4700	生于高山草甸、湖边沼泽及灌丛	云南西北部、四川西南部至西北部
大黄橐吾 （*Ligularia duciformis*）	1900~4100	生于河边、林下及高山草地	西藏东部、甘肃南部、四川、云南西北部、宁夏（泾源）
云南橐吾 （*Ligularia yunnanensis*）	3100~4000	生于草坡、林下及岩石间	云南西部和西北部

本属植物的一些种根含橐吾醚、橐吾醚醇、橐吾醇、艾里橐吾醇、橐吾酮、橐吾内酯等成分，并以紫菀或山紫菀之名入药。具有清热解毒、活血止血、消肿止痛、化腐生肌、止咳祛痰、利尿利胆等功效，主治支气管炎、咳喘、肺结核、咯血等病症。橐吾属植物主要毒性成分为吡咯里西啶类生物碱，具有肝毒性，牲畜采食后，可引起肝脏功能障碍。

近年来随着草地生态群落的变化，牛、羊因采食或误食橐吾而发生中毒的现象呈逐年增多的趋势。牛、羊采食后1~2天开始发病，病畜表现出精神不振、单独站立或卧地、不采食、体温升高可达40℃以上，呼吸促迫、脉搏加快、心跳达86次/min以上、心音增强，可视黏膜黄染肿胀，粪便干燥。羊表现为头、耳严重肿胀，刺破肿胀部皮肤黏膜，有大量黄色浆液流出。牛表现为拱背努责，排粪困难，部分牛出现神经症状，行走摇摆或无目的地乱走，有的丧失视力，常喜卧于水中或潮湿处。病程长短不一，短者在发病后数日内死亡。病程稍长者则经半个月后逐渐自愈，但膘情严重下降。剖检可见，皮肤、皮下组织及肌肉发黄，皮下组织浆性水肿，胆囊肿大 2～3 倍，充满胆汁。肝肿大、质脆似煮熟状，呈黄土色，心肌肿大 1 倍以上，肾脏肿大而质脆。1991 年 9 月，青海贵南县下了一场大雪，沙草科植物被覆盖，而黄帚橐吾露出雪面，当时正值花期，由于缺草牲畜采食了大量的黄帚橐吾，造成森多乡 4 个村 27 群牛、羊发生以神经症状为主的疾病。发病羊 357 只，死亡 48 只，致死率为 13.45%；发病牛 126 头，死亡 16 头，致死率为 12.7%。

6. 马先蒿属有毒植物

　　玄参科马先蒿属多年生草本植物，通常半寄生。该属植物为双子叶植物中的大属之一，有 600 种以上，广泛分布于北半球，尤以北极和近北极地区最多，温带的高山地区亦不少。中国已知有 300 余种，主要分布于青藏高寒草地、川西北草地、甘肃祁连山草地、甘肃甘南草地、新疆巴音布鲁克草地等，主要优势种有甘肃马先蒿（*Pedicularis kansuensis*）、轮叶马先蒿（*Pedicularis verticillata*）、碎米蕨叶马先蒿（*Pedicularis cheilanrthifolia*）、中国马先蒿（*Pedicularis chinensis*）、五齿管花马先蒿（*Pedicularis siphonantha*）、草莓状马先蒿（*Pedicularis fragarioides*）等。近年来，新疆巴音布鲁克草地毒害草马先蒿数量日趋增加，蔓延面积已达 6.74 万 hm²，其中受严重侵害的面积达 2 万 hm²，蔓延之势甚强。已初步确定在巴音布鲁克草地分布的毒害草马先蒿属植物共有 7 种，即轮叶马先蒿、碎米蕨叶马先蒿、拟鼻花马先蒿（*Pedicularis rhinanthoides*）、欧式马先蒿（*Pedicularis oeder*）、长根马先蒿（*Pedicularis dolichorrhiza*）、膨萼马先蒿（*Pedicularis physocalyx*）和假弯管马先蒿（*Pedicularis pseudocur vituba*）（表 1-24）。

表 1-24　中国天然草地马先蒿属主要有毒植物的生境与地理分布　　　　　　（单位：m）

种类	海拔	生境	省（自治区）分布
甘肃马先蒿 （*Pedicularis kansuensis*）	1800～4600	生于草地、田埂或路旁	青海（湟源、海晏、共和、兴海、天峻、泽库、都兰、乌兰、刚察、门源、互助），甘肃（夏河、玛曲、碌曲），四川（若尔盖、红原）
轮叶马先蒿 （*Pedicularis verticillata*）	1900～3400	生于亚高山、高山草地	新疆（青河、阿勒泰、昭苏、巴音布鲁克），甘肃（天祝、肃南）
碎米蕨叶马先蒿 （*Pedicularis cheilanrthifolia*）	2000～4000	生于亚高山草甸、高山草甸、高山灌丛、河滩沼泽草甸和山坡草甸	新疆（巴音布鲁克、阿合奇），甘肃（张掖、天祝、夏河、玛曲、碌曲、岷县），西藏北部
中国马先蒿 （*Pedicularis chinensis*）	1700～3600	生于草甸、高山草甸、高山灌丛、河滩草甸和林缘灌丛草地	青海东北部、甘肃中部和南部、山西与河北北部
五齿管花马先蒿 （*Pedicularis siphonantha*）	3000～4600	高山湿草地和草甸	云南西北部、四川甘孜州（新龙）

续表

种类	海拔	生境	省（自治区）分布
斑唇马先蒿 （*Pedicularis longiflora*）	2700～5300	生于高山草甸、沼泽和林缘湿地	云南、四川（甘孜、阿坝）、青海（祁连、刚察）、西藏（昌都）
拟鼻花马先蒿 （*Pedicularis rhinanthoides*）	3000～5000	生于山谷潮湿处和高山草甸	四川（甘孜、阿坝）、云南西北部
草莓状马先蒿 （*Pedicularis fragarioides*）	约4700	生于山坡草地	四川西北部

马先蒿属植物是一种生命力极强的害草，毒性较小，但其难闻的气味为牲畜所厌恶，牲畜很少采食，马先蒿属植物占据优势的草地基本无法放牧利用。马先蒿属植物喜光、耐寒，对土壤适应性、抗逆性很强，在潮湿地生长较好，与可食牧草争夺营养、光照和水分时占据明显优势，尤其是在草地利用过度、植被破坏严重的地段，其入侵更加迅速，使其他物种很难生长，最终导致草地生物多样性降低，可食牧草地上生物量下降，草地有效利用率降低。在植被群落中马先蒿属植物常与禾本科丛生禾草羊茅、针茅等建群种争光、争水、争肥，致使羊茅和针茅等优良牧草因生长不良而大片枯死，导致草群成分改变，草场质量严重下降。

7. 紫茎泽兰

紫茎泽兰为菊科泽兰属多年生草本或半灌木，俗称解放草、败马草、破坏草、黑头草、黑颈草、飞机草、臭草，原产于中南美洲的墨西哥至哥斯达黎加一带，1865年起作为观赏植物引进到美国、英国、澳大利亚等地栽培。其现已广泛分布于全世界的热带、亚热带地区，主要分布于美国、澳大利亚、新西兰、南非、西班牙、印度、菲律宾、马来西亚、新加坡、印度尼西亚、巴布亚新几内亚、泰国、缅甸、越南、中国、尼泊尔、巴基斯坦以及太平洋岛屿等30多个国家和地区。其目前威胁着泰国、菲律宾、缅甸、尼泊尔、印度等东南亚国家，集中分布在北纬22°～25°。

20世纪40年代初，紫茎泽兰由缅甸传入中国与其接壤的云南省临沧地区最南部的沧源、耿马等县，随后迅速蔓延，经半个多世纪的传播扩散，现已在西南地区的云南、贵州、四川、广西、重庆、湖北、西藏等省（自治区、直辖市）广泛分布，面积达1423万 hm^2，并仍以每年大约60km的速度随西南风向东和向北扩散。紫茎泽兰是一种生命力强、繁殖率高又难以清除的恶性杂草，它有明显的化感作用，可使周围植物的生长受到抑制，形成单优种群，造成重大危害。因此，2003年3月，紫茎泽兰被国家环境保护总局（2018年升格为中华人民共和国生态环境部）列入首批入侵我国16种外来物种之首（表1-25）。

表 1-25　中国紫茎泽兰地理分布及危害面积统计

省（自治区、直辖市）	土地面积/万 hm²	紫茎泽兰分布面积/万 hm²	紫茎泽兰分布面积占土地面积的比例/%	主要分布区
云南	3 940.00	3 000.00	76.14	全省 16 个州（市）129 个县市均有分布
贵州	1 761.52	687.00	39.00	黔西南州、黔南州、安顺市、六盘水市、贵阳市、毕节地区 6 个市州的 30 多个县（市、区）
四川	4 850.00	101.82	2.10	凉山、攀枝花、雅安、乐山、宜宾、自贡、甘孜州 7 个市（州）32 个县（市、区）
广西	2 367.00	14.00	0.59	西林、田林、隆林、右江区、凌云、那坡、德保、靖西、乐业、平果、天峨、南丹、巴马、大化、东兰、凤山、河池、马山、横县、南宁等地
重庆	824.03	0.47	0.06	潼南、荣昌、巴南、万盛、南川、涪陵、武隆、万县、官渡、云阳、奉节、巫山及长江沿岸
西藏	12 284.00	—	—	洛隆、波密、墨脱、察隅、碧土、纳西、徐中、芒康、贡觉、察雅、昌都、江达等与缅甸、我国云南和四川交界
湖北	1 859.00	—	—	利川、咸丰、建始、鹤峰、巴东、秭归、宜昌及长江沿岸

注："—"表示无数据

　　紫茎泽兰的危害，一是破坏畜牧业生产，表现为侵占草地，造成牧草严重减产。紫茎泽兰的枝叶有毒，牲畜误食后会导致腹泻、脱毛等，鱼误食后也可能致死，用来垫圈会引起牛、羊烂蹄；其花粉易引起动物哮喘；种子带刺的冠毛飞入家畜的眼中可能损伤角膜，严重时能引起失明；具叉的纤毛种子被吸入后可直接钻入气管和肺部，引起组织坏死和死亡。二是破坏农业生产，紫茎泽兰生活力强、适应性广、化感作用强，易成为群落中的优势种，甚至可发展为单一优势群落。紫茎泽兰入侵农田、果园、经济林带等经济作物生长地，引起土壤肥力下降、土地退化，作物产量大幅度下降。三是破坏生态平衡，紫茎泽兰具有极强的生命力、繁殖率及化感作用，排斥其他植物的生长，破坏生物资源的多样性，使生态失衡。四是危害人类安全与健康，紫茎泽兰花粉密度过大就会引起人的花粉过敏反应，使哮喘病患者病情加重，其中的丁二酸酐对眼睛和皮肤具有强烈的刺激作用。此外，植株内含有香茅醛、香叶醛、乙酸龙脑酯等易挥发的芳香、辛辣的化学物质和一些尚不清楚的有毒物质，曾报道人在进行拔除操作时接触紫茎泽兰过多会使人的手脚皮肤发炎，而且出现头痛、头晕、胸闷、打喷嚏，甚至中毒症状。紫茎泽兰全草有毒，含有泽兰酮、佩兰毒素、泽兰苦内酯和香豆精类等毒性成分，危害各种动物，可引起各种动物多种器官组织毒性损伤甚至死亡，其中，泽兰酮是紫茎泽兰致动物肝脏毒性的主要毒性物质。

8. 牛心朴子

牛心朴子为萝藦科鹅绒藤属多年生直立丛生草本植物，俗称老瓜头、芦心草等。牛心朴子为强旱生植物，喜沙、耐旱，多生长在沙漠半荒漠地带的半固定沙丘、沙地、沙化草地和荒漠砾石地，集中分布在中国的毛乌素沙漠、腾格里沙漠和乌兰布和沙漠，辖区涉及内蒙古鄂尔多斯地区、内蒙古阿拉善盟、陕西榆林地区、甘肃白银地区、宁夏银南地区，地理分布达 1500 万 hm²，总生长面积 240.93 万 hm²。牛心朴子是草地严重沙质荒漠化的指示植物之一，也是草地逆行演替过程中最后阶段的指示种。根据项目组实际调查，在阿拉善左旗天然荒漠草地，牛心朴子的分布面积达 98 万 hm²（表 1-26）。

表 1-26　中国部分省（自治区）天然草地牛心朴子地理分布

省（自治区）	可利用草地面积 / 万 hm²	牛心朴子分布面积 / 万 hm²	牛心朴子分布面积占可利用草地面积的比例 /%	优势种群分布地区
内蒙古	6359.10	144.40	2.27	达拉特旗、杭锦旗、东胜、伊金霍洛旗、乌审旗、鄂托克旗、鄂托克前旗
宁夏	262.56	75.53	28.77	盐池、灵武、中宁、中卫、同心、青铜峡、永宁、吴忠
陕西	434.90	21.00	4.83	定边、靖边、神木、府谷、榆林、横山

牛心朴子含有娃儿藤定碱等多种毒性生物碱成分，气味浓烈，茎叶皆有毒，但其花粉无毒。牛、羊一般不采食，主要危害骆驼，在干旱年份和缺草季节，骆驼饥饿时被迫采食可引起急性中毒。骆驼急性中毒后主要表现为精神沉郁，口吐白沫，磨牙，食欲减退或废绝，上下嘴唇肿大、龟裂、化脓，表现不安，回头观腹，后肢踢腹。慢性中毒时排黑绿色稀便，后期排黑绿色水样稀便，极度瘦弱，最终因脱水、衰竭而死亡。牛心朴子虽然全草有毒，但花期却为良好的蜜源植物，花蜜无毒。

9. 蕨类植物

蕨为蕨科（Pteridiaceae）蕨属（*Pteridium*）的草本植物，分布于我国大部分省（自治区），主要生长于山区的阴湿地带。我国引起动物中毒的常见品种是欧洲蕨（*Pteridium aquilinum*）和毛叶蕨（*Pteridium revolutum*）两种。此外，溪边凤尾蕨（*Pteris excelsa*）、舟山碎米蕨（*Cheilanthes chusana*）、大囊岩蕨（*Woodsia nacrochlaendment*）、狭羽金星蕨（*Thelypteris decursire pinnate*）、狭叶凤尾蕨（*Pteris henryichist*）、鸟蕨（*Stenoloma chusanum*）、西南凤尾蕨（*Pteridium wallichiana*）、斜羽凤尾蕨（*Pteridium oshimensis*）、三色凤尾蕨（*Pteridium arspericaulis*）、长叶舒筋草（*Pteridium vittata*）、凤尾草（*Pteridium multifida*）等也有中毒报道。主要危害马属动物及反刍动物，能引起马等单胃动物的硫胺素缺乏症，牛等反刍动物以骨髓损害及全身

性出血为特征的急性致死性综合征或以膀胱内肿瘤形成及血尿为特征的慢性地方性血尿症。蕨类植物的叶、根、茎均有毒性，尤以根茎的毒性最大，幼芽及未成熟叶片的毒性高于成熟叶片，主要毒性物质为硫胺素酶、槲皮酮、莽草酸、蕨素与蕨苷、原蕨苷、单宁等。

蕨属植物是生命力极强的植物，其通过发达的根状茎延伸和孢子扩散繁殖。人类的生活、生产活动影响着蕨属植物的发展，人们刈割蕨叶、挖取蕨根状茎、春季采摘蕨菜作为食物等，很大程度上控制了蕨的发展，不少国家和地区大规模地植树造林，有效地缩小蕨的覆盖，但有些地区无视生态保护，盲目地毁林开荒，放火烧坡，帮助蕨的侵入和蔓延扩张。每年早春，其他牧草尚未返青之时，蕨类植物已大量萌发并茂盛生长，短时期内成为放牧草地上仅有的鲜嫩食物，家畜在放牧中喜欢采食蕨的嫩叶导致蕨中毒。1962 年我国贵州省首次报道蕨中毒，在屠宰黄牛进行随机检查时，发现蕨中毒引发膀胱肿瘤检出率高达 18.74%，为世界上此病发病率最高的地区之一。1980 年陕西汉中地区发现蕨中毒病牛 121 头，死亡 30 多头，剖检证实为牛膀胱肿瘤性血尿症。牛急性中毒以骨髓损伤和再生障碍性贫血为特征，牛慢性中毒主要表现地方性血尿病或膀胱肿瘤；羊中毒表现视网膜退化和失明及脑灰质软化；单胃动物主要表现硫胺素缺乏症。

10. 栎属植物

栎树又称为橡树，属壳斗科（Fagaceae）栎属（*Quercus*）植物，俗称青杠树、柞树，为多年生乔木或灌木。广泛分布于世界各地，约有 350 种，中国约有 140 种，分布于华南、华中、西南、东北，以及陕西、甘肃、宁夏的部分地区。中国已报道有毒的栎属植物有槲树（*Quercus dentata*）、槲栎（*Quercus aliena*）、栓皮栎（*Quercus uariabilis*）、白栎（*Quercus fabri*）、锐齿栎（*Quercus aliena* var. *aliena*）、麻栎（*Quercus acutissima*）、蒙古栎（*Quercus mongolica*）、短柄枹栎（小橡子树，*Quercus glandulifera*）、抱树（*Quercus serra*）和辽东栎（*Quercus liaotungensis*）8 种 2 变种。

栎属植物的茎、叶、籽实均含有高分子栎丹宁，家畜采食后可引起中毒，对牛、羊、猪危害最为严重，其籽实引起的中毒称为橡子中毒，幼叶引起的中毒称为栎树叶中毒。栎属植物中毒病的发生有明显的地区性和季节性特点。发病地区性由栎属植物的自然分布决定，主要发生于生长栎属植物的林区，特别是经多次砍伐而形成的次生或再生栎林区，中国的栎林带从东北吉林省延边到西南贵州省的毕节，呈一斜线分布。所谓季节性，主要发生在春季，一般为 3 月下旬至 5 月中旬，而其橡子中毒则发生在秋季。牛采食栎树叶数量占日粮的 50% 以上即可引起中毒，超过 75% 会中毒死亡。也有因采集栎树叶喂牛或垫圈后被牛采食而引起中毒的情况，尤其是前一年因旱、涝灾害造成饲草饲料缺乏或储草不足，翌年春季干旱，牧草发芽生长较迟，而青杠树返青早，常出现大批发病死亡。栎属植物的主要有毒成分是高分子栎丹宁，其芽、蕾、花、叶、枝条和种子（橡子）中均含此种物质。栎叶中所含的丹宁称为栎叶丹宁，橡子中所含的丹宁称为橡子丹宁。高分子栎叶丹宁属水解类丹宁，在胃肠内可经生物降解产生毒性更大的低分子多酚类化合物。多种低分子酚类化合物通过胃肠黏膜吸收进入血液循环并分布于全身器官组织，从而发生毒性作用。由于栎丹宁降解产物的刺激作用，经胃肠道吸收时会导致胃肠道的出血性炎症，经肾脏排除时会导致以肾小管变性和坏死为特征的肾病，最后则因肾功能衰竭而致死。中国自1958年贵州省毕节地区首次报道牛栎树叶中毒后，河南、陕西、四川、湖北、内蒙古、山东、山西、吉林、辽宁、河北、甘肃和宁夏等省（自治区）也先后发生过本病。目前已经有14个省（自治区、直辖市）100多个县发生过中毒，损失十分惨重（表1-27）。

表 1-27　中国栎属植物种属分布及重灾害区

省（自治区）	主要有毒种	重灾害区
贵州	槲栎、麻栎、蒙古栎、槲树	毕节地区、遵义地区
河南	栓皮栎、麻栎、槲树、槲栎	南阳地区、洛阳地区、信阳地区、驻马店地区
陕西	栓皮栎、麻栎、槲树、槲栎、锐齿栎、短柄枹栎	汉中地区、安康地区、商洛地区、宝鸡地区
四川	白栎、槲树、槲栎、栓皮栎、短柄枹栎、麻栎	巴中地区、广元地区、绵阳地区、泸州地区、宜宾地区
内蒙古	蒙古栎、槲树	通辽地区、赤峰地区、兴安盟
湖北	白栎、槲树、槲栎、短柄枹栎	襄樊地区、十堰地区
吉林	白栎、大叶栎、麻栎、小叶柞、辽东栎、蒙古栎	延边自治州
辽宁	辽东栎、小叶柞、蒙古栎、槲树、栓皮栎、麻栎	丹东地区、辽阳地区、营口地区、大连地区
甘肃	槲树、槲栎、短柄枹栎、栓皮栎、麻栎	天水地区、陇南地区、平凉地区
河北	槲树、槲栎、栓皮栎、辽东栎、蒙古栎	丰宁、隆化、围场、邢台以及太行山、燕山深处的某些县
北京	辽东栎、蒙古栎	延庆、平谷、密云、怀柔等区
云南	槲栎、槲树、栓皮栎、锐齿栎、白栎、麻栎	昭通地区（彝良、巧家、盐津、镇雄），怒江州（兰坪）

第二部分　中国西部天然草地主要毒害草及伴生植物分类图谱

醉马芨芨草（*Achnatherum inebrians*）

禾本科（Gramineae）芨芨草属（*Achnatherum*），多年生。须根柔韧。秆直立，少数丛生，平滑，高 60～100cm，径 2.5～3.5mm，通常具 3～4 节，节下贴生微毛，基部具鳞芽。叶鞘稍粗糙，上部者短于节间，叶鞘口具微毛；叶舌厚膜质，长约 1mm，顶端平截或具裂齿；叶片质地较硬，直立，边缘常卷折，上面及边缘粗糙，茎生者长

8～15cm，基生者长达 30cm，宽 2～10mm。圆锥花序紧密呈穗状，长 10～25cm，宽 1～2.5cm；小穗长 5～6mm，灰绿色或基部带紫色，成熟后变褐铜色，颖膜质，几等长，先端尖常破裂，微粗糙，具 3 脉；外稃长约 4mm，背部密被柔毛，顶端具 2 微齿，具 3 脉，脉于顶端汇合且延伸成芒，芒长 10～13mm，一回膝曲，芒柱稍扭转且被微短毛，基盘钝，具短毛，长约 0.5mm；内稃具 2 脉，脉间被柔毛；花药长约 2mm，顶端具毫毛。颖果圆柱形，长约 3mm。花果期 7～9 月。

产于内蒙古、甘肃、宁夏、新疆、西藏、青海、四川西部。多生于高山草原、山坡草地、田边、路旁、河滩，海拔 1700～4200m。

本种有毒，牲畜误食时，轻则致疾、重则死亡。在青藏高原海拔 3000～4200m 的草原上有时形成极大的群落。李春杰（2009）通过家兔饲喂试验证明，醉马芨芨草中毒原因是内生真菌产生麦角类生物碱所致。

小花棘豆（*Oxytropis glabra*）

豆科（Leguminosae）棘豆属（*Oxytropis*），多年生草本，高 20（35～）～80cm。俗称马绊肠、醉马草、绊肠草、苦马豆。根细而直伸。茎分枝多，直立或铺散，长 30～70cm，无毛或疏被短柔毛，绿色。羽状复叶长 5～15cm；托叶草质，卵形或披针状卵形，彼此分离或于基部合生，长 5～10mm，无毛或微被柔毛；叶轴疏被开展或贴伏短柔毛；小叶 11～19（～27），披针形或卵状披针形，长 5（10～）～25mm，宽 3～7mm，先端尖或钝，基部宽楔形或圆形，上面无毛，下面微被贴伏柔毛。多花组成稀疏总状花序，长 4～7cm；总花梗长 5～12cm，通常较叶长，被开展的白色短柔毛；苞片膜质，狭披针形，长约 2mm，先端尖，疏被柔毛；花长 6～8mm；花梗长 1mm；花萼钟形，长 42mm。被贴伏白色短柔毛，有时混生少量的黑色短柔毛，萼齿披针状锥形，长 1.5～2mm；花冠淡紫色或蓝紫色，旗瓣长 7～8mm，瓣片圆形，先端微缺，翼瓣长 6～7mm，先端全缘，龙骨瓣长 5～6mm，喙长 0.25～0.5mm；子房疏被长柔毛。荚果膜质，长圆形，膨胀，下垂，长 10～20mm，宽 3～5mm，喙长 1～1.5mm，腹缝具深沟，背部圆形，疏被贴伏白色短柔毛或混生黑色、白色柔毛，后期无毛，1 室；果梗长 1～2.5mm。花期 6～9 月，果期 7～9 月。

产于内蒙古、山西、陕西、甘肃、青海、新疆和西藏等省（自治区）。生于海拔440～3400m的山坡草地、石质山坡、河谷阶地、冲积川地、草地、荒地、田边、渠旁、沼泽草甸、盐土草滩上。巴基斯坦、克什米尔地区、蒙古国、哈萨克斯坦、乌兹别克斯坦、土库曼斯坦、吉尔吉斯斯坦、塔吉克斯坦和俄罗斯也有分布。

全草有毒，牲畜误食后可中毒。李祚煌等（1978）对内蒙古的小花棘豆毒性进行了调查并做了动物试验，证实小花棘豆对家畜确有毒性，其中马最易中毒，症状也最重，其次是山羊、绵羊，再次为牛，猪较迟钝。赵宝玉（2001）从小花棘豆中分离鉴定出生物碱苦马豆素，并证明是其主要毒性成分。

米尔克棘豆（*Oxytropis merkensis*）

豆科（Leguminosae）棘豆属（*Oxytropis*），多年生草本。根粗壮。茎分枝，缩短，被浅灰色短柔毛，或绿色，为托叶和叶柄的残体所覆盖。羽状复叶长5～15cm；托叶与叶柄贴生很高，分离部分披针状钻形，基部三角形，被贴伏疏柔毛，边缘具刺纤毛；叶柄与叶轴短，被贴伏或半开展柔毛；小叶13～25，长圆形、广椭圆状披针形、披针形，长5～7（～20）mm，宽2～4（～5）mm，先端尖，两面被疏柔毛，边缘微卷。多花组成疏散总状花序，盛花期和果期伸长达10～20cm；总花梗长为叶长1～2倍，被贴伏白色疏柔毛，通常在上部混生白色柔毛；苞片锥形，长于花梗，被疏柔毛；花萼钟状，长4～5mm，被贴伏黑色短柔毛和黑色疏柔毛，萼齿钻形，短于萼筒；花冠紫色或淡白色，旗瓣长7～10mm，瓣片几圆形，先端微缺，瓣片比瓣柄长1～1.5倍，翼瓣与旗瓣等长或稍短，龙骨瓣等于或长于翼瓣，先端具暗紫色斑点，喙长锥状，长1.5～2mm；胚珠6～7；子房柄长0.5～1mm。荚果广椭圆状长圆形，下垂，长10～12（～16）mm，宽5～6mm，先端短渐尖，被贴伏白色疏柔毛，1室；果梗与花萼等长。种子圆肾形，直径2mm，光滑，锈色。花期6～7月，果期7～8月。

产于宁夏（海原南华山）、甘肃（南部）、青海、内蒙古（龙首山、贺兰山）、新疆（天山中部乌鲁木齐南山至西部伊犁地区）等省（自治区）。生于海拔1800～4000m的高山石质草原化河谷和山坡。哈萨克斯坦、乌兹别克斯坦、土库曼斯坦、吉尔吉斯

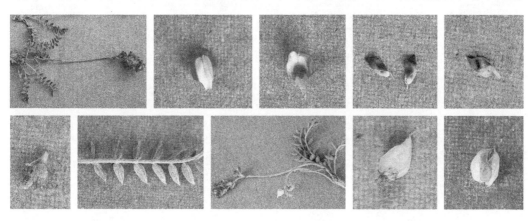

斯坦和塔吉克斯坦也有分布。

黄花棘豆（*Oxytropis ochrocephala*）

豆科（Leguminosae）棘豆属（*Oxytropis*），多年生草本，高（10～）20～（～40）50cm。根粗，圆柱状，淡褐色，深达50cm，侧根少。茎粗壮，直立，基部分枝多而开展，有棱及沟状纹，密被卷曲白色短柔毛和黄色长柔毛，绿色。羽状复叶长10～19cm。托叶草质，卵形，与叶柄离生，于基部彼此合生，分离部分三角形，长约15mm，先端渐尖，密被开展黄色和白色长柔毛；叶柄与叶轴上面有沟，于小叶之间有淡褐色腺点，密被黄色长柔毛；小叶17～29（～31），草质，卵状披针形，长10～25（～30）mm，宽3～9（～10）mm，先端急尖，基部圆形，

幼时两面密被贴伏绢状毛，以后变绿，两面疏被贴伏黄色和白色短柔毛。多花组成密总状花序，以后延伸；总花梗长 10～25cm，直立，较坚实，具沟纹，密被卷曲黄色和白色长柔毛，花序下部混生黑色短柔毛；苞片线状披针形，上部的长 6mm，下部的长 12mm，密被开展白色长柔毛和黄色短柔毛；花长 11～17mm；花梗长约 1mm；花萼膜质，几透明，筒状，长 11～14mm，宽 3～5mm，密被开展黄色和白色长柔毛并杂生黑色短柔毛，萼齿线状披针形，长约 6mm；花冠黄色，旗瓣长 11～17mm，瓣片宽倒卵形，外展，中部宽 10mm，先端微凹或截形，瓣柄与瓣片近等长，翼瓣长约 13mm，瓣片长圆形，先端圆形，瓣柄长 7mm，龙骨瓣长 11mm，喙长约 1mm 或稍长；子房密被贴伏黄色和白色柔毛，具短柄，胚珠 12～13。荚果革质，长圆形，膨胀，长 12～15mm，宽 4～5mm，先端具弯曲的喙，密被黑色短柔毛，1 室；果梗长约 2mm。花期 6～8 月，果期 7～9 月。

产于宁夏南部、甘肃南部和西部、青海东部和南部、四川西部及西藏东南部。适宜于各种环境，一般生于海拔 1900～5200m 的田埂、荒山、平原草地、林下、林间空地、山坡草地、阴坡草甸、高山草甸、沼泽地、河漫滩、干河谷阶地、山坡砾石草地及高山圆柏林下。

黄花棘豆为天然草地的毒草之一，含有生物碱，文献记载为落科因（locoine），以盛花期至绿果期毒性最大。曹光荣（1989）在中国首次从黄花棘豆中分离出苦马豆素。各类家畜采食后都可引起慢性积累中毒，以马中毒最为严重。故群众称之为"马绊肠"。在其分布区内，可导致牲畜中毒死亡，影响家畜的繁殖和品种改良，同时也造成草场日趋退化，成为妨碍当地畜牧业发展的主要问题之一。

本种的生长状态、枝、叶、花萼及毛被等常因生态条件而发生变异，特别是花萼及毛被变异更大，在种的划分上比较困难，但因其基本特征一致，所以将这些不同个体的居群划归一种。它与甘肃棘豆（*Oxytropis kansuensis*）的不同之处在于，茎、枝较粗壮，小叶较大，萼齿较长，托叶较大。

毛瓣棘豆（*Oxytropis sericopetala*）

豆科（Leguminosae）棘豆属（*Oxytropis*），多年生草本，高 10～40cm。根茎木质化，长达 20cm，直径 5mm。茎短，长 2cm，2～4 株丛，被灰色绒毛。羽状复叶长 7～15（～20）cm；托叶草质，披针形，先端渐尖，与叶柄分离，彼此于上部合生，密被白色绢状长柔毛；叶柄与叶轴密被白色绢状长柔毛；小叶 13～31，狭长圆形或长圆状披针形，长 8～30mm，宽 3～4（～5）mm，先端尖，基部渐窄，两面密被白色绢状长柔毛。多花组成密穗形总状花序；总花梗长于叶，密被开展白色长柔毛；苞片线形，长约 3mm，先端尖，密被白色绢状长柔毛；花萼短钟形，长 8～10mm，密被白色绢状长毛和黑色短柔毛，萼齿线形，长约 5mm；花冠紫红色、蓝紫色，稀白色，旗瓣长 10～12mm，瓣片宽卵形，长约 9mm，宽约 9mm，背面密被绢状短柔毛，翼瓣长约 10mm，瓣片斜倒卵状长圆形，先端微凹，无毛，龙骨瓣长 8mm，喙长 0.5～1mm，背面疏被绢状柔毛；子房密被绢状长柔毛，胚珠 8。荚果椭圆状卵形，扁，微膨胀，长 6～7mm，宽 4～5mm，几无梗，密被白色绢状长柔毛。种子 1，圆形。花期 5～7 月，果期 7～8 月。

产于西藏南部。生于海拔 2900～4450m 的河滩砂地、沙页岩山地、沙丘上、山坡草地、冲积扇砂砾地，在雅鲁藏布江及其支流两岸卵石滩上分布很广，自成单优种群落。

据调查，本种花有毒，牲畜食后中毒晕倒；但全株可作肥料，鲁西科（1986）对该种进行了动物中毒试验，并发现这种毒草含有生物碱毒芹素，但未作生物碱毒芹素的毒性试验。余永涛（2006）对毛瓣棘豆有毒成分进行研究，证明生物碱苦马豆素是其主要毒性成分。

甘肃棘豆（*Oxytropis kansuensis*）

豆科（Leguminosae）棘豆属（*Oxytropis*），多年生草本，高（8～）10～20cm，茎细弱，铺散或直立，基部的分枝斜伸而扩展，绿色或淡灰色，疏被黑色短毛和白色糙伏毛。羽状复叶长（4～）5～10（～13）cm；托叶草质，卵状披针形，长约 5mm，先端渐尖，与叶柄分离，彼此合生至中部，疏被黑色和白色糙伏毛；叶柄与叶轴上面有沟，于小叶之间被淡褐色腺点。疏被白色间黑色糙伏毛；小叶 17～23（～29），卵状长圆形、披针形，长（5～）7～13mm，宽 3～6mm，先端急尖，基部圆形，两面疏被贴伏白色短柔毛，幼时毛较密。多花组成头形总状花序；总花梗长 7～12（～15）mm，直立，具沟纹，疏被白色间黑色短柔毛，花序下部密被卷曲黑色柔毛；

苞片膜质，线形，长约 6mm，疏被黑色的白色柔毛；花长约 12mm；花萼筒状，长8～9mm，宽约 3mm，密被贴伏黑色间有白色长柔毛，萼齿线形，较萼筒短或与之等长；花冠黄色，旗瓣长约 12mm，瓣片宽卵形，长 8mm，宽 8mm，先端微缺或圆，基部下延成短瓣柄，翼瓣长约 11mm，瓣片长圆形，长 7mm，宽约 3mm，先端圆形，瓣片柄 5mm，龙骨瓣长约 10mm，喙短三角形，长不足 1mm；子房疏被黑色短柔毛，具短柄，胚珠 9～12。荚果纸质，长圆形或长圆状卵形，膨胀，长 8～12mm，宽约4mm，密被贴伏黑色短柔毛，隔膜宽约 0.3mm，1 室；果梗长 1mm。种子 11～12 颗，淡褐色，扁圆肾形，长约 1mm。花期 6～9 月，果期 8～10 月。

产于宁夏、甘肃、青海（东部、柴达木盆地和南部）、四川西部和西北部、云南西北部及西藏西部和南部。生于海拔 2200～5300m 的路旁、高山草甸、高山林下、高山草原、山坡草地、河边草原、沼泽地、高山灌丛下、山坡林间砾石地及冰碛丘陵上。尼泊尔也有分布。

甘肃棘豆与黄花棘豆（*Oxytropis ochrocephala* Bunge）一样，形态变异很大，特别是在毛被方面十分多变，花萼通常密被黑色长柔毛，但也发现白毛之间生有少量的黑色长柔毛。

甘肃棘豆具有植株较矮而柔弱、小叶较小、萼齿较萼筒短或近等长、花序和果序密而短等特点，易与黄花棘豆区别。

据顾百群（1989）研究证实，甘肃棘豆对山羊脑、肝、肾、心和其他脏器有不同程度的损害作用，并能降低机体细胞免疫功能，其有毒成分属于吲哚兹定生物碱。但中毒羊有一定的自愈能力。

小叶棘豆（*Oxytropis microphylla*）

豆科（Leguminosae）棘豆属（*Oxytropis*），多年生草本，灰绿色，高 5～30cm，有恶臭。根径 4～8（～12）mm，直伸，淡褐色。茎缩短，丛生，基部残存密被白色绵毛的托叶。轮生羽状复叶长 5～20cm；托叶膜质，长 6～12mm，于很高处与叶柄贴生，彼此于基部合生，分离部分三角形，先端尖，密被白色绵毛；叶柄与叶轴被白色柔毛；小叶 15（18～）～25 轮，每轮 4～6 片，稀对生，椭圆形、宽椭圆形、长圆形或近圆形，长 2～8mm，宽 1～4mm，先端钝圆，基部圆形，边缘内卷，两面被开展的白色长柔毛，或上面无毛，有时被腺点。花多组成头形总状花序，花后伸长；花萼较叶长或与之等长，有时较叶短，直立，密被开展的白色长柔毛；苞片近草质，线状披针形，长约 6mm，先端尖，疏被白色长柔毛和腺点；花长约 20mm；花萼薄膜质，筒状，长约 12mm，疏被白色绵毛和黑色短柔毛，密生具柄的腺体，灰白色，萼齿线状披针形，长 2～4mm；花冠蓝色或紫红色，旗瓣长（16～）19～23mm，宽6～10mm，瓣片宽椭圆形，先端微凹或 2 浅裂或圆形，翼瓣长（14～）15～19mm，瓣片两侧不等的三角状匙形，先端斜截形而微凹，基部具长圆形的耳，龙骨瓣长

13～16mm，瓣片两侧不等的宽椭圆形，喙长约 2mm；子房线形，无毛，含胚珠 34～36，花柱上部弯曲，近无柄。荚果硬革质，线状长圆形，略呈镰状弯曲，稍侧扁，长 15～25mm，宽 4～5mm，喙长 2mm，腹缝具深沟，无毛，被瘤状腺点，隔膜宽 3mm，几达背缝，不完全 2 室；果梗短。花期 5～9 月，果期 7～9 月。

产于我国东北的西部、内蒙古（锡林郭勒盟、乌兰察布盟南部）、新疆（西部及塔城地区）和西藏（南部）等省（自治区）。生于海拔 3200～3700m 的沟边沙地上。在西藏可生于海拔 4000～5000m 的山坡草地、砾石地、河滩和田边。克什米尔地区、印度西北部、尼泊尔、蒙古国、俄罗斯（东西伯利亚）也有分布。

本种与臭棘豆（*Oxytropis chiliophylla*）的外形很近似，其区别点在于叶柄和叶轴被白色绵毛；托叶密被白色绵毛，无腺点；小叶上面无毛，下面和边缘被绵毛；总花梗密被白色绵毛；子房线形，无毛；荚果无毛，密生疣状腺点。

冰川棘豆（*Oxytropis glacialis*）

豆科（Leguminosae）棘豆属（*Oxytropis*），多年生草本，高 3～17cm。茎极缩短，

丛生。羽状复叶长 2～12cm；托叶膜质，卵形，与叶柄离生，彼此合生，密被绢状长柔毛；叶轴具极小腺点；小叶 9（13～）～（～17）19，长圆形或长圆状披针形，长 3～10mm，宽 1.5～3mm，两面密被开展绢状长柔毛。6～10 花组成球形或长圆形总状花序；总花梗密被白色和黑色卷曲长柔毛；苞片线形，比萼筒稍短，被白色和黑色疏柔毛；花长 8～9mm；花萼长 4～6mm，密被黑色或白色杂生黑色长柔毛，萼齿披针形，短于萼筒；花冠紫红色、蓝紫色，偶有白色，旗瓣长 5～9mm，宽 5mm，瓣片几圆形，

先端微凹或几全缘，翼瓣长约 7mm，瓣片倒卵状长圆形或长圆形，先端微凹，龙骨瓣长 6mm，喙近三角形、钻形或微弯成钩状，极短；子房含胚珠 8 颗，密被毛，具极短柄。荚果草质，卵状球形或长圆状球形，膨胀，长 5～7mm，宽 4～6mm，喙直，腹缝微凹，密被开展白色长柔毛和黑色短柔毛，无隔膜，1 室，具短梗。花果期 6～9 月。

　　产于西藏。生于海拔 4500～5300（～5400）m 的山坡草地、砾石山坡、河滩砾石地、沙地。李勤凡（2005）从冰川棘豆中分离出苦马豆素，并经山羊毒性试验，证明是其有毒成分。

密叶棘豆（*Oxytropis densifolia*）

　　豆科（Leguminosae）棘豆属（*Oxytropis*），多年生草本，高 10～15cm。茎直立，基部多分枝，密被开展白色和黑色长柔毛。羽状复叶长 5～6cm；托叶薄膜质，披针形，于上部彼此合生，长约 10mm，疏被白色长柔毛；叶柄与叶轴密被开展白色长柔毛；小叶 21～33，密生，长圆形、狭长圆形。长 7～10mm，宽 3～5mm，上面疏被白色长柔毛，下面被毛较密。多花组成长圆形总状花序；总花梗长约 6cm，密被开展白

色长柔毛；花长约 12mm；花萼钟形，长 5～7mm，疏被黑色和白色长柔毛，萼齿线形，稍短于萼筒；花冠蓝紫色，旗瓣长 10～12mm，瓣片扁圆形，先端微缺，翼瓣长约 10mm，先端截形，微凹，龙骨瓣短于翼瓣，喙长约 0.7mm；子房疏被毛，具长柄。荚果长圆状圆柱形，下垂，长 15～17mm，宽约 3mm，腹面具沟，密被白色和黑色短柔毛，隔膜窄，不完全 2 室。花果期 7～8 月。

产于西藏贡觉。生于海拔 3900m 的山坡。

密丛棘豆（*Oxytropis densa*）

豆科（Leguminosae）棘豆属（*Oxytropis*），多年生垫状草本，高 2～5（～7）cm，俗称大托叶棘豆、于田棘豆。茎缩短，分枝，密被长柔毛。羽状复叶长 1～2.5（～3）cm；托叶草质，长 5～7mm，于中部与叶柄贴生，彼此分离，分离部分披针形，初时密被开展白色长柔毛，后变无毛；叶柄与叶轴密被开展白色长柔毛；小叶 11～13（～19），排列较密，卵形、长圆形至长圆状披针形，长 2～4mm，宽 1～2mm，先端钝、圆或尖，基部圆，两面密被白色绢状长柔毛。6～10 花组成头形总状花序；总花梗长于叶或稍短，密被白色长柔毛；苞片长圆状线形，长 3～4mm；花梗长 1～3mm；花萼钟状，长 4～6mm，密被白色和黑色短柔毛，萼齿线形，长 1～2mm；花冠紫红色或蓝紫色，旗瓣长 5～7（～8）mm，瓣片近圆形，宽约 5mm，先端圆，基部淡黄色，瓣柄极短，翼瓣与旗瓣近等长或稍短，先端圆或微 2 裂，瓣柄长 3～4mm，龙骨瓣长 5～6mm，喙长约 0.5mm，瓣柄长 3mm，子房密被白色和黑色

长柔毛。荚果长圆状圆柱形，膨胀，长 9～12mm，宽 2～3mm，先端尖，密被白色短柔毛，腹缝线深凹，具狭隔膜（不超过 1mm），1 室，有短梗。种子 5～7 颗。花期 6～7 月，果期 7～8 月。

产于甘肃（南山、河西）、青海（中部和东部）、西藏等省（自治区）。生于海拔 2500～5300m 的河滩、高山草原、砾石山坡和石质荒地。克什米尔地区、巴基斯坦也有分布。

宽苞棘豆（*Oxytropis latibracteata*）

豆科（Leguminosae）棘豆属（*Oxytropis*），多年生草本，高 10～25cm。根棕褐色，根径 5～10mm，深长，侧根少。茎缩短，丛生，分枝多。羽状复叶长 10～15cm；托叶膜质，卵形或宽披针形，于 1/3 处与叶柄基部贴生，于基部彼此合生，分离部分三角形，长约 11mm，先端渐尖，被开展长柔毛；叶柄与叶轴上面有沟，密被贴伏绢毛，并混生开展的柔毛；小叶（13～）15～23，对生或有时互生，椭圆形、长卵形、披针形，长 6～17mm，宽 3～5mm，先端渐尖，基部圆形，两面密被贴伏绢毛。5～9 花组成头

形或长总状花序；总花梗较叶长或与之等长，直立，具沟纹，密被短柔毛，花序下部混生密的黑色短柔毛；苞片纸质卵形至卵状披针形，长 8～11mm，宽 4～5mm，先端渐尖，基部圆形，密被贴伏绢毛，并混生贴伏短黑毛；花长约 22mm；花萼筒状，长约 11mm，宽约 3mm，密被黑色和白色短柔毛，萼齿锥状三角形，长约 2mm；花冠紫色、蓝色、蓝紫色或淡蓝色，旗瓣长约 21mm，瓣片长椭圆形，长 12mm，宽约 5mm，先端圆，瓣柄长约 9mm，翼瓣长 17mm，瓣片两侧不等的倒三角形，长约 8mm，宽约 4mm，先端斜截形而微凹，耳短，瓣柄细，长约 9mm，龙骨瓣长 16mm，喙长约 1.5mm；子房椭圆形，密被贴伏绢毛。荚果卵状长圆形，膨胀，长约 15mm，宽约 6mm，先端尖，背面不具深沟，密被黑色和白色短柔毛，具狭隔膜，不完全 2 室。花果期 7～8 月。

产于宁夏（贺兰山）、甘肃（甘南和河西）、青海（海北、海南和海西）和四川（西北部）等省（自治区）。生于海拔 1700～4200m 的山前洪积滩地、冲积扇前缘、河漫滩、干旱山坡、阴坡、山坡柏树林下、亚高山灌丛草甸和杂草草甸。

全草有毒，牲畜采食后可引起慢性中毒。王凯（1999）给 4 只绵羊投服宽苞棘豆干草粉，剂量每天 10g/ 千克体重，于 17~18 天出现中毒症状，主要病理组织变化为实质细胞广泛空泡变性。

急弯棘豆（*Oxytropis deflexa*）

豆科（Leguminosae）棘豆属（*Oxytropis*），多年生草本，高 2～12cm，或更高。茎直立。灰绿色，被开展长柔毛。羽状复叶长 5～20cm；托叶草质，披针形，离生，基部与叶柄贴生，先端尖，被长柔毛；叶柄长，疏被柔毛；小叶（25～）31～51，下部者向下弯曲，卵状长圆形、卵形或长圆状披针形，长（5～）10～20（～25）mm，宽（2～）3～5（～8）mm，先端急尖，基部近圆形，两面被贴伏柔毛。多花组成穗形总状花序，花排列较密；总花梗长 7～25cm，与叶等长或较叶长，被开展长柔毛；苞片膜质，线形，与花萼近等长；花小，下垂；花萼钟状，长 6～7mm，被白色间生黑色长柔毛，萼齿披针形，较萼筒短或与之近等长；花冠淡蓝紫色，旗瓣卵圆形，长 8～9mm，宽约 5mm，先端微凹，翼瓣与旗瓣近等长，龙骨瓣较翼瓣短，喙长约

1mm。荚果膜质，下垂，长圆状椭圆形，略凹陷，长 10～20mm，宽 4～5mm，先端具喙，被贴伏黑色和白色短柔毛，1 室；果梗长 2～4mm。花果期 6～7月。

产于内蒙古、山西、甘肃、新疆（阿勒泰地区）及四川等省（自治区）。多生于山地河谷至草原灌丛的砾石生境中。俄罗斯（西伯利亚）和蒙古国也有分布。

据张生民等（1981）报道，急弯棘豆也是有毒植物之一，家畜食后也能引起中毒。宋岩岩等（2012）采用薄层色谱分析技术，证实急弯棘豆中存在生物碱苦马豆素。

镰形棘豆（*Oxytropis falcata*）

豆科（Leguminosae）棘豆属（*Oxytropis*），多年生草本，高 1～35cm，具黏性和特异气味，俗称镰荚棘豆。根径 6mm，直根深，暗红色。茎缩短，木质而多分枝，丛生。羽状复叶长 5～12（～20）cm；托叶膜质，长卵形，于 2/3 处与叶柄贴生，彼此合生，上部分离，分离部分披针形，先端尖，密被长柔毛和腺点；叶柄与叶轴上面有细沟，密被白色长柔毛；小叶 25～45，对生或互生，线状披针形、线形，长 5～15（～20）mm，宽 1～3（～4）mm，先端钝尖，基部圆形，上面疏被白色长柔毛，下面密被淡褐色腺点。6～10 花组成头形总状花序；花葶与叶近等长，或较叶短，直立，疏被白色长柔毛，稀有腺点；苞片草质，长圆状披针形，长 8～12mm，宽约 4mm，先端渐尖，基部圆形，密被褐色腺点和白色、黑色长柔毛，边缘具纤毛；花长 20～25mm；花萼筒状，长 11～16（～18）mm，宽约 3mm，密被白色长柔毛和黑色柔毛，密生腺点，萼齿披针形、长圆状披针形，长

3～4.5mm；花冠蓝紫色或紫红色，旗瓣长 18～25mm，瓣片倒卵形，长 15mm，宽 8～11mm，先端圆，瓣柄长 10mm，翼瓣长 15～22mm，瓣片斜倒卵状长圆形，先端斜微凹 2 裂，背部圆形，龙骨瓣长 16～18mm，喙长 2～2.5mm；子房披针形，被贴伏白色短柔毛，具短柄，含胚珠 38～46。荚果革质，宽线形，微蓝紫色，稍膨胀，略呈镰刀状弯曲，长 25～40mm，宽 6～8mm，喙长 4～6mm，被腺点和短柔毛，隔膜宽 2mm，不完全 2 室；果梗短。种子多数，肾形，长 2.5mm，棕色。花期 5～8

月，果期7～9月。

产于甘肃（河西走廊及夏河、卓尼、玛曲）、青海、新疆（且末、于田）、四川（若尔盖、红原）和西藏（嘉黎、班戈、双湖、仲巴、日土）等省（自治区）。生于海拔2700～4300m的山坡、沙丘、河谷、山间宽谷、河漫滩草甸、高山草甸和阴坡云杉林下；在西藏多生于海拔4500～5200m的高山灌丛草地、山坡草地、山坡砂砾地、冰川阶地、河岸阶地上，有时成群落分布。蒙古国也有分布。

全草有毒，牲畜采食后引起中毒。《藏药志》记载可作为藏药入药，具有清热解毒、生肌止痛之功效。

猫头刺（*Oxytropis aciphylla*）

豆科（Leguminosae）棘豆属（*Oxytropis*），垫状矮小半灌木，高8～20cm，俗称刺叶柄棘豆、鬼见愁、老虎爪子。根粗壮，根系发达。茎多分枝，开展，全体呈球状植丛。偶数羽状复叶；托叶膜质，彼此合生，下部与叶柄贴生，先端平截或呈二尖，后撕裂，被贴伏白色柔毛或无毛，边缘有白色长毛；叶轴宿存，木质化，长2～6cm，下部粗壮，先端尖锐，呈硬刺状，老时淡黄色或黄褐色，嫩时灰绿色，密被贴伏绢状柔毛；小叶4～6对生，线形或长圆状线形，长5～18mm，宽1～2mm，先端渐尖，具刺尖，基部楔形，边缘常内卷，两面密被贴伏白色绢状柔毛和不等臂的丁字毛。1～2花组成腋生总状花序；总花梗长3～10mm，密被贴伏白色柔毛；苞片膜质，披针状钻形，小；花萼筒状，长8～15mm，宽3～5mm，花后稍膨胀，密被贴伏长柔毛，萼齿锥状，长约3mm；花冠红紫色、蓝紫色以至白色，旗瓣倒卵形，长13～24mm，宽7～10mm，先端钝，基部渐狭成瓣柄，冀瓣长12～20mm，宽3～4mm，龙骨瓣长11～13mm，喙长1～1.5mm；子房圆柱形，花柱先端弯曲，无毛。荚果硬革质，长圆形，长10～20mm，宽4～5mm，腹缝线深陷，密被白色贴伏柔毛，隔膜发达，不完全2室。种子圆肾形，深棕色。花期5～6月，果期6～7月。

产于内蒙古、陕西、宁夏、甘肃、青海、新疆等省（自治区）。生于海拔 1000～3250m 的砾石质平原、薄层沙地、丘陵坡地及砂荒地上。俄罗斯西西伯利亚和蒙古国南部也有分布。

本种为荒漠草原地区旱生小灌木。在荒漠草原植被中常为伴生植物出现，在干燥的沙地上可形成猫头刺占优势的荒漠群落。

多叶棘豆（*Oxytropis myriophylla*）

豆科（Leguminosae）棘豆属（*Oxytropis*），多年生草本，高 20～30cm，全株被白色或黄色长柔毛，俗称狐尾藻棘豆。根褐色，粗壮，深长。茎缩短，丛生。轮生羽状复叶长 10～30cm；托叶膜质，卵状披针形，基部与叶柄贴生，先端分离，密被黄色长柔毛；叶柄与叶轴密被长柔毛；小叶 25～32 轮，每轮 4～8 片或有时对生，线形、长圆形或披针形，长 3～15mm，宽 1～3mm，先端渐尖，基部圆形，两面密被长柔毛。多花组成紧密或较疏松的总状花序；总花梗与叶近等长或长于叶，疏被长柔毛；苞片披针形，长 8～15mm，被长柔毛；花长 20～25mm；花梗极短或近无梗；花萼筒状，长 11mm，被长柔毛，萼齿披针形，长约 4mm，两面被长柔毛；花冠淡红紫色，旗瓣长椭圆形，长 18.5mm，宽 6.5mm，先端圆形或微凹，基部下延成瓣柄，翼

瓣长 15mm，先端急尖，耳长 2mm，瓣柄长 8mm，龙骨瓣长 12mm，喙长 2mm，耳长约 15.2mm；子房线形，被毛，花柱无毛，无柄。荚果披针状椭圆形，膨胀，长约 15mm，宽约 5mm，先端喙长 5～7mm，密被长柔毛，隔膜稍宽，不完全 2 室。花期 5～6 月，果期 7～8 月。

产于黑龙江、吉林、辽宁、内蒙古、河北、山西、陕西及宁夏等省（自治区）。生于沙地、平坦草原、干河沟、丘陵地、轻度盐渍化沙地、石质山坡或海拔 1200～1700m 的低山坡。俄罗斯（东西伯利亚）、蒙古国也有分布。

硬毛棘豆（原变种）（*Oxytropis hirta* Bunge var. *hirta*）

豆科（Leguminosae）棘豆属（*Oxytropis*），多年生草本，高 20～55cm，被长硬毛，灰绿色。根很长，褐色。茎极缩短。羽状复叶长 15～25（～30）cm，坚挺；托叶膜质，坚硬，披针状钻形，长 20～33mm，与叶柄贴生至 2/3 处，基部合生，分离部分先端长渐尖，长 6～14mm；被长硬毛。边缘具硬纤毛；叶柄与叶轴粗壮，上面有细沟，密被长硬毛，小叶之间有时密生小腺点；小叶 5（9～）～19（～23），对生，罕互生，卵状披针形或长椭圆形，长 12～30（～60）mm，宽 3～8（～17）mm，通常

顶小叶最大，自上而下依次渐小，先端渐尖、急尖或稍钝，基部圆形，两面疏被长硬毛，边缘具纤毛，有时上面无毛或近无毛。多花组成密长穗形总状花序；花葶粗壮，长于叶，长 20～50mm，密被长硬毛，或至无毛；苞片草质，线形或线状披针形，比花萼长，长 7（13～）～8（～20）mm，宽 1～3mm，先端渐尖，疏被长硬毛；花长 15～18mm；花萼筒形或筒状钟形，长 10～13（～14）mm，宽 3～4mm，密被白色长硬毛，萼齿线形，长 5～7mm；花冠蓝紫色、紫红色或黄白色，旗瓣匙形，长约 20mm，宽约 6mm，先端圆形，基部下延成瓣柄，翼瓣长约 17mm，宽约 3mm，瓣片倒卵状长圆形，先端钝，龙骨瓣长约 17mm，瓣片斜长圆

形，喙长 1～3mm；子房密被白色柔毛，胚珠 20～24。荚果长卵形，2/3 包于萼内，长 10～12mm，宽 3～4.5mm，密被白色长硬毛，喙长 3～4mm，腹隔膜宽约 1mm，不完全 2 室。花期 5～8 月，果期 7～10 月。

产于黑龙江、吉林、辽宁、内蒙古（东部至大青山）、河北、山西、陕西（北部）、甘肃（东部）、山东（泰山）、河南（镇平）及湖北（宜城板桥）等省（自治区）。生于海拔 800～2020m 的干草原、山坡路旁、丘陵坡地、山坡草地、覆沙坡地、石质山地阳坡和疏林下。俄罗斯东西伯利亚和蒙古国也有分布。

全草有毒，牲畜采食后可引起中毒。

缘毛棘豆（*Oxytropis ciliata*）

豆科（Leguminosae）棘豆属（*Oxytropis*），多年生草本，高 5～20cm。根粗壮，深褐色。茎缩短，密丛生，灰绿色。羽状复叶长 15cm；托叶膜质，宽卵形，于基部与叶柄贴生，先端钝，中脉明显，外面及边缘密被白色或黄色长柔毛；叶柄稍扁；小叶 9～13，线状长圆形、长圆形、线状披针形或倒披针形，长 5～20mm，宽 2～6mm，先端锐尖或钝，基部楔形，两面无毛，仅叶缘疏被长柔毛。3～7 花组成短总状花序；总花梗弯曲或直立，短于叶或与之近等长；花长 20～25mm；花萼筒状，长约 13mm，被疏柔毛，萼齿披针形，长约为萼筒的 1/3；花冠白色或淡黄色，旗瓣椭圆形，先端圆形，基部渐狭，翼瓣比旗瓣短，先端斜截形，瓣柄细长，耳短，龙骨瓣短于翼瓣，喙长约 2mm；子房被短柔毛，花柱先端弯曲。荚果近纸质，卵形，紫褐色或黄褐色，膨胀，长 20～25mm，宽 12～15mm，先端具喙，无毛，隔膜窄。花期 5～6 月，果期 6～7 月。

产于内蒙古（乌兰察布盟南部、锡林郭勒盟南部和大青山）和河北（北部）等省（自治区）。生于干旱山坡及丘陵石坡地。蒙古国也有分布。

宽瓣棘豆（*Oxytropis platysema*）

豆科（Leguminosae）棘豆属（*Oxytropis*），多年生草本，高 2～3（～8）cm。茎缩短，几无毛，绿色。羽状复叶长 2～5（～6）cm；托叶膜质，无毛或仅具纤毛，与叶柄分离或微贴生，彼此合生很高；叶柄与叶轴近无毛；小叶 13～19（～21），卵状披针形、卵状长圆形或卵形，长 3～6（～10）mm，宽 1.5～2（～3）mm，两面均无毛，有时密被短柔毛，或仅幼时边缘有疏毛。3～5 花组成头形总状花序；总花梗单一，与叶近等长或稍长，被白色长柔毛，于花序下部杂生黑色长柔毛；苞片长圆形，长 5～6mm，被黑色柔毛和硬毛；花长约 11mm；花萼钟状，长 6～9mm，密被黑色和白色长柔毛，萼齿线状披针形，与萼筒近等长，被黑色绵毛；花冠紫色，

旗瓣长 9～11（～15）mm，瓣片宽卵圆形，先端微凹，翼瓣稍短于旗瓣，瓣片斜倒卵状长圆形，先端全缘或微凹，龙骨瓣短于翼瓣，喙长约 1mm；子房长圆形，长约 1mm，无毛，有短柄，胚珠 10～12。荚果长圆形，长 10～15mm，宽 3～4mm，喙内弯，腹缝具沟，背缝圆，贴伏黑色柔毛。花期 6～7 月，果期 8 月。

产于西藏、新疆（天山中部至西部伊犁地区）等地。生于海拔 5000～5200m 的高山草甸与河边砾石地。哈萨克斯坦、乌兹别克斯坦、土库曼斯坦、吉尔吉斯斯坦和塔吉克斯坦也有分布。

斜茎黄芪（*Astragalus adsurgens*）

豆科（Leguminosae）黄芪属（*Astragalus*），多年生草本，高 20～100cm，俗称直立黄芪、沙打旺。根较粗壮，暗褐色，有时有长主根。茎多数或数个丛生，直立或斜上，有毛或近无毛。羽状复叶有 9～25 片小叶，叶柄较叶轴短；托叶三角形，渐尖，基部稍合生或有时分离，长 3～7mm；小叶长圆形、近椭圆形或狭长圆形，长

10～25（～35）mm，宽2～8mm，基部圆形或近圆形，有时稍尖，上面疏被伏贴毛，下面较密。总状花序长圆柱状、穗状、稀近头状，生多数花，排列密集，有时较稀疏；总花梗生于茎的上部，较叶长或与其等长；花梗极短；苞片狭披针形至三角形，先端尖；花萼管状钟形，长5～6mm，被黑褐色或白色毛，或有时被黑白色混生毛，萼齿狭披针形，长为萼筒的1/3；花冠近蓝色或红紫色，旗瓣长11～15mm，倒卵圆形，先端微凹，基部渐狭，翼瓣较旗瓣短，瓣片长圆形，与瓣柄等长，龙骨瓣长7～10mm，瓣片较瓣柄稍短；子房被密毛，有极短的柄。荚果长圆形，长7～18mm，两侧稍扁，背缝凹入成沟槽，顶端具下弯的短喙，被黑色、褐色和（或）白色混生毛，假2室。花期6～8月，果期8～10月。

产于东北、华北、西北、西南地区。生于向阳山坡灌丛及林缘地带。前苏联地区、蒙古国、日本、朝鲜和北美温带地区都有分布。

本种分布广泛，对环境适应性强，形态变异较大。此外本种经过引种栽培，在形态上和细胞型上会出现一些变异，成为栽培变型。

王建华（1989）报道，斜茎黄芪含有一定量的脂肪族硝基化合物，对单胃动物具有一定毒性，反刍动物具有耐受性。

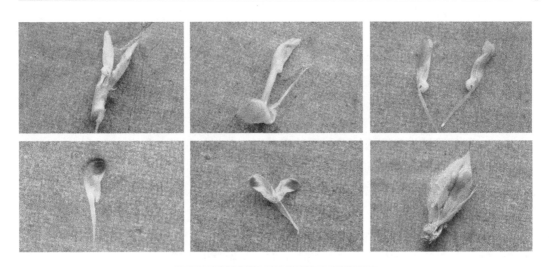

高山黄芪（*Astragalus alpinus*）

豆科（Leguminosae）黄芪属（*Astragalus* Linn.）多年生草本。茎直立或上升，基部分枝，高 20~50cm，具条棱，被白色柔毛，上部混有黑色柔毛。奇数羽状复叶，具 15~23 片小叶，长 5~15cm；叶柄长 1~3cm，向上逐渐变短；托叶草质，离生，三角状披针形，长 3~5mm，先端钝，具短尖头，基部圆形，上面疏被白色柔毛或近无毛，下面毛较密，具短柄。总状花序生 7~15 花，密集；总花梗腋生，较叶长或近等长；苞片膜质，线状披针形，长 2~3mm，下面被黑色柔毛；花梗长 1~1.5mm，连同花序轴密被黑色柔毛；花萼钟状，长 5~6mm，被黑色伏贴柔毛，萼齿线形，较萼筒稍长；花冠白色，旗瓣长 10~13mm，瓣片长圆状倒卵形，先端微凹，基部具短瓣柄，翼瓣长 7~9mm，瓣片长圆形，宽 1.5~2mm，基部具短耳，瓣柄长约 2mm，龙骨瓣与旗瓣近等长，瓣片宽斧形，先端带紫色，基部具短耳，瓣柄长约 3mm；子房狭卵形，密生黑色柔毛，具柄。荚果狭卵形，微弯曲，长 8~10mm，宽 3~4mm，被黑色伏贴柔毛，先端具短喙，近假 2 室，果颈较宿萼稍长；种子 8~10 枚，肾形，

长约 2mm。花期 6～7 月，果期 7～8 月。

产于天山。生于海拔 1800～2200m 的山坡草地。北美洲、苏联地区及其他一些欧洲国家也有分布。

异齿黄芪（*Astragalus heterodontus*）

豆科（Leguminosae）黄芪属（*Astragalus*），多年生草本。根粗壮，直伸。茎基部分枝，高 10～25cm，被白色短伏贴柔毛；羽状复叶有 9～17 片小叶，长 2～4cm；叶柄长 0.5～1.5cm；托叶革质，基部彼此多少合生，三角形，长 2～4mm，先端尖，下面被白色短伏贴柔毛；小叶椭圆形至长圆形，长 5～12mm，宽 2～4mm，先端钝，基部宽楔形，上面无毛，下面被稀疏的白色短伏贴柔毛，具短小叶柄。总状花序生多数花，密集，呈头状，花序轴长 1～2cm，果期稍延伸；总花梗比叶长；苞片白色，膜质，披针形，长 1～2mm；花梗短，连同花序轴密被黑色柔毛；花萼钟状，长约 3mm，散生黑色柔毛，萼齿形状不一，下边 3 齿线状锥形，上边 2 齿狭三角形，长约为萼筒的 1/2；花冠青紫色，旗瓣倒卵状长圆形，长 7～8mm，先端微凹，基部渐狭成瓣柄，翼瓣长 5～6mm，瓣片卵形至长圆状卵形，先端钝圆，基部具短耳，瓣片为瓣柄的 2～2.5 倍长，龙骨瓣长 4～5mm，瓣片半圆形，瓣柄长约 1.5mm；子房被伏贴柔毛，具短柄。荚果近球形，直径约 3mm，被白色混有黑色伏贴柔毛，具横纹。花果期 7～8 月。

产于新疆（帕米尔高原）、西藏（西北部）。生于海拔 3500～4900m 的河滩沙砾地上。苏联地区有分布。

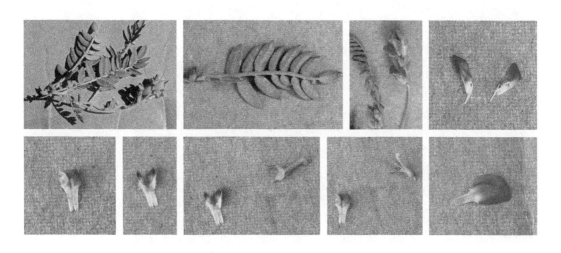

笔直黄芪（*Astragalus strictus*）

豆科（Leguminosae）黄芪属（*Astragalus*），多年生草本，俗称劲直黄芪、茎直黄芪。根圆柱形，直径 2～2.5mm，淡黄褐色。茎丛生，直立或上升，高 15～28cm，疏被白色伏毛，有细棱，分枝。羽状复叶有 19～31 片小叶，长 5～6（～10）cm；

叶柄长 15～20（～40）mm，连同叶轴疏被白色毛；托叶基部或中部以下合生，三角状卵形，长 6～8mm，先端尾尖，散生缘毛；小叶对生，长圆形至披针状长圆形，长 6～9（～15）mm，宽 2～5mm，先端尖或钝，基部钝，上面无毛或被疏毛或仅中脉上被白色伏毛，下面疏被白色伏毛或半伏毛；小叶柄长不及 1mm。总状花序生多数花，密集而短，花序轴长 2～3cm；总花梗长 4～7（～12）cm，较叶长，连同花序轴疏被或稍密被白色半伏毛；苞片线状钻形，长 4～5mm，膜质，具疏缘毛；花梗长约 1mm；花萼钟状，长 4～5mm，萼筒长 2～2.5mm，被褐色或白色伏毛，萼齿钻形，与筒部近等长，被毛；花冠紫红色，旗瓣宽倒卵形，长 8～9mm，宽 6～6.5mm，先端微缺，中部以下渐狭，瓣柄短，翼瓣长 6～7mm，瓣片长约 5mm，宽 1.5～1.8mm，先端钝，基部耳向内弯，瓣柄长约 2mm，龙骨瓣长约 6mm，瓣片半圆形，长约 3.5mm，宽约 2mm，先端钝，瓣柄长约 2.5mm；子房几无柄或仅长 1mm，被白色柔毛。荚果狭卵形或狭椭圆形，长 6～7（～12）mm，微弯，疏被褐色短柔毛，半假 2 室，含 4～6 颗种子，果颈不露出宿萼外。种子褐色，宽肾形，长约 2mm，横宽约 2.8mm，平滑。花期 7～8 月，果期 8～9 月。

产于西藏东部及南部、云南西北部（德钦）。生于海拔 2900～4800m 的山坡草地、河边湿地、石砾地及村旁、路旁、田边。尼泊尔、印度、克什米尔地区、巴基斯坦均有分布。

全草有毒，牲畜采食后可引起慢性中毒。鲁西科（1982）首次报道西藏草地牲畜笔直黄耆中毒。赵宝玉（1992）通过山羊毒性试验证明其毒性，并分离出生物碱苦马豆素。

荒漠黄芪（*Astragalus alaschanensis*）

　　豆科（Leguminosae）黄芪属（*Astragalus*），多年生草本，高 10～20cm，俗称宁夏黄芪。根粗壮，直伸，黄褐色。茎极短缩，多数丛生，被毡毛状半开展的白色毛。羽状复叶有 11～27 片小叶；叶柄较叶轴短；托叶基部与叶柄贴生，上部卵状披针形，长5～10mm，被浓密的白色长毛；小叶宽椭圆形、倒卵形或近圆形，长 5～15mm，宽3～10mm，先端钝圆，基部圆形或宽楔形，两面被开展的白色毛。总状花序短缩，生多花，生于基部叶腋；苞片长圆形或宽披针形，渐尖，被白色开展的毛；小苞片线形或狭披针形，长为花萼的 1/2 或 1/3，被白色长毛；花萼管状，长 9～18mm，被毡毛状白色毛，萼齿线形，长为萼筒的 1/2 或与其近等长；花冠粉红色或紫红色，旗瓣长17～22mm，长圆形或匙形，先端圆形微凹，中部以下狭成瓣柄，翼瓣较旗瓣短，瓣片较瓣柄短；子房狭长圆形，有毛，花柱细长。荚果卵形或卵状长圆形，微膨胀，先端渐尖成喙，基部圆形，密被白色长硬毛，薄革质，假 2 室。种子肾形或椭圆形，长约2mm，橘黄色。花期 5～6 月，果期 7～8 月。

　　产于内蒙古、宁夏、甘肃（河西走廊）。生于荒漠区的沙荒地带。

变异黄芪（*Astragalus variabilis*）

豆科（Leguminosae）黄芪属（*Astragalus*），多年生草本，高 10～20cm，全体被灰白色伏贴毛。根粗壮直伸，黄褐色，木质化。茎丛生，直立或稍斜升，有分枝。羽状复叶有 11～19 片小叶；叶柄短；托叶小，离生，三角形或卵状三角形；小叶狭长圆形、倒卵状长圆形或线状长圆形，长 3～10mm，宽 1～3mm，先端钝圆或微凹，基部宽楔形或近圆形，上面绿色，疏被白色伏贴毛，下面灰绿色，毛较密。总状花序生 7～9 花；总花梗较叶柄稍粗；苞片披针形，较花梗短或等长，疏被黑色毛；花萼管状钟形，长 5～6mm，被黑白色混生的伏贴毛，萼齿线状钻形，长 1～2mm；花冠淡紫红色或淡蓝紫色，旗瓣倒卵状椭圆形，长约 10mm，先端微缺，基部渐狭成不明显的瓣柄，翼瓣与旗瓣等长，瓣片先端微缺，瓣柄较瓣片短，龙骨瓣较翼瓣短，瓣片与瓣柄等长；子房有毛。荚果线状长圆形，稍弯，两侧扁平，长 10～20mm，被白色伏贴毛，假 2 室。花期 5～6 月，果期 6～8 月。

产于内蒙古、宁夏、甘肃、青海。生于荒漠地区的干涸河床砂质冲积土上。蒙古国也有分布。

有毒植物，青鲜草家畜均喜食，但食后出现中毒现象，开花时毒性最强。群众的解毒方法是灌酸奶、肉汤、醋等（《内蒙古植物志》）。

黄有德（1992）从变异黄芪中分离出苦马豆素，并测定含量为 0.029%。肖志国（1994）通过绵羊毒性试验，证明每天饲喂变异黄芪干草，当食入总量达 33.25kg/ 只时，试验羊出现中毒。

多枝黄芪（*Astragalus polycladus*）

豆科黄芪属，多年生草本。根粗壮。茎多数，纤细，丛生，平卧或上升，高 5～35cm，被灰白色伏贴柔毛或混有黑色毛。奇数羽状复叶，具 11～23 片小叶，长 2～6cm；叶柄长 0.5～1cm，向上逐渐变短；托叶离生，披针形，长 2～4mm；小叶披针形或近卵形，长 2～7mm，宽 1～3mm，先端钝尖或微凹，基部宽楔形，两面披白色伏贴柔毛，具短柄。总状花序生多数花，密集呈头状；总花梗腋生，较叶长；苞片膜质，线形，长 1～2mm，下面被伏贴柔毛；花梗极短；花萼钟状，长 2～3mm，外面被白色或混有黑色短伏贴毛，萼齿线形，与萼筒近等长；花冠红色或青紫色，旗瓣宽倒卵形，长7～8mm，先端微凹，基部渐狭成瓣柄，翼瓣与旗瓣近等长或稍短，具短耳，瓣柄长约2mm，龙骨瓣较翼瓣短，瓣片半圆形；子房线形，被白色或混有黑色短柔毛。荚果长圆形，微弯曲，长5～8mm，先端尖，被白色或混有黑色伏贴柔毛，1室，有种子5～7枚，果颈较宿萼短。花期7～8月，果期9月。

产于四川、云南、西藏、青海、甘肃及新疆西部。生于海拔2000～3300m的山坡、路旁。

骆驼刺（*Alhagi sparsifolia*）

豆科（Leguminosae）骆驼刺属（*Alhagi*），半灌木，高25～40cm。茎直立，具细条纹，无毛或幼茎具短柔毛，从基部开始分枝，枝条平行上升。叶互生，卵形、倒卵形或倒圆卵形，长8～15mm，宽5～10mm，先端圆形，具短硬尖，基部楔形，全缘，无毛，具短柄。总状花序，腋生，花序轴变成坚硬的锐刺，刺长为叶的2～3倍，无毛，当年生枝条的刺上具花3～6（～8）朵，老茎的刺上无花；花长

8～10mm；苞片钻状，长约1mm；花梗长1～3mm；花萼钟状，长4～5mm，被短柔毛，萼齿三角状或钻状三角形，长为萼筒的1/4～1/3；花冠深紫红色，旗瓣倒长卵形，长8～9mm，先端钝圆或截平，基部楔形，具短瓣柄，翼瓣长圆形，长为旗瓣的3/4，龙骨瓣与旗瓣约等长；子房线形，无毛。荚果线形，常弯曲，几无毛。

产于内蒙古、甘肃、青海和新疆。生于荒漠地区的沙地、河岸、农田边。

为耐旱植物，骆驼喜欢采食，其他牲畜因其成熟植株有坚硬刺而不采食。

披针叶野决明（*Thermopsis lanceolata*）

豆科（Leguminosae）野决明属（*Thermopsis*），多年生草本，高12～30（～40）cm，俗称披针叶黄华。茎直立，分枝或单一，具沟棱，被黄白色贴伏或伸展柔毛。3小叶；叶柄短，长3～8mm；托叶叶状，卵状披针形，先端渐尖，基部楔形，长1.5～3cm，宽4～10mm，上面近无毛，下面被贴伏柔毛；小叶狭长圆形、倒披针形，长2.5～7.5cm，

宽 5～16mm，上面通常无毛，下面多少被贴伏柔毛。总状花序顶生，长 6～17cm，具花 2～6 轮，排列疏松；苞片线状卵形或卵形，先端渐尖，长 8～20mm，宽 3～7mm，宿存；萼钟形，长 1.5～2.2cm，密被毛，背部稍呈囊状隆起，上方 2 齿连合，三角形，下方萼齿披针形，与萼筒近等长。花冠黄色，旗瓣近圆形，长 2.5～2.8cm，宽 1.7～2.1cm，

先端微凹，基部渐狭成瓣柄，瓣柄长 7～8mm，翼瓣长 2.4～2.7cm，先端有 4～4.3mm 长的狭窄头，龙骨瓣长 2～2.5cm，宽为翼瓣的 1.5～2 倍；子房密被柔毛，具柄，柄长 2～3mm，胚珠 12～20 粒。荚果线形，长 5～9cm，宽 7～12mm，先端具尖喙，被细柔毛，黄褐色，种子 6～14 粒。位于中央。种子圆肾形，黑褐色，具灰色蜡层，有光泽，长 3～5mm，宽 2.5～3.5mm。花期 5～7 月，果期 6～10 月。

产于内蒙古、河北、山西、陕西、宁夏、甘肃。生于草原沙丘、河岸和砾滩。蒙古国、哈萨克斯坦、乌兹别克斯坦、土库曼斯坦、吉尔吉斯斯坦和塔吉克斯坦也有分布。

植株有毒，少量供药用，有祛痰止咳功效。

苦豆子（*Sophora alopecuroides*）

豆科（Leguminosae）槐属（*Sophora*），草本，或基部木质化成亚灌木状，高约 1m。枝被白色或淡灰白色长柔毛或贴伏柔毛。羽状复叶；叶柄长 1～2cm；托叶着生于小叶柄的侧面，钻状，长约 5mm，常早落；小叶 7～13 对，对生或近互生，纸质，披针状长圆形或椭圆状长圆形，长 15～30mm，宽约 10mm，先端钝圆或急尖，常具小尖头，基部宽楔形或圆形，上面被疏柔毛，下面毛被较密，中脉上面常凹陷，下面隆

起，侧脉不明显。总状花序顶生；花多数，密生；花梗长 3～5mm；苞片似托叶，脱落；花萼斜钟状，5 萼齿明显，不等大，三角状卵形；花冠白色或淡黄色，旗瓣形状多变，通常为长圆状倒披针形，长 15～20mm，宽 3～4mm，先端圆或微缺，或明显呈倒心形，基部渐狭或骤狭成柄，翼瓣常单侧生，稀近双侧生，长约 16mm，卵状长圆形，具三角形耳，皱褶明显，龙骨瓣与翼瓣相似，先端明显具突尖，背部明显呈龙骨状盖叠，柄纤细，长约为瓣片的 1/2，具 1 三角形耳，下垂；雄蕊 10，花丝不同程度连合，有时近两体雄蕊，连合部分疏被极短毛，子房密被白色近贴伏柔毛，柱头圆点状，被稀少柔毛。荚果串珠状，长 8～13cm，直，具多数种子；种子卵球形，稍扁，褐色或黄褐色。花期 5～6 月，果期 8～10 月。

产于内蒙古、山西、陕西、宁夏、甘肃、青海、新疆、河南、西藏。多生于干旱沙漠和草原边缘地带。苏联地区、阿富汗、伊朗、土耳其、巴基斯坦和印度北部也有分布。

苦豆子全草有毒，新鲜时具有特殊气味，牲畜一般不采食，但在干旱缺草季节常因饥饿采食引起中毒。主要毒性成分是苦豆碱、苦参碱、槐定碱等生物碱。

苦马豆（*Sphaerophysa salsula*）

豆科（Leguminosae）苦马豆属（*Sphaerophysa*），半灌木或多年生草本，俗称泡泡豆、鸦食花、羊尿泡、羊萝泡、红花土豆子、爆竹花、红苦豆、洪呼图—额布斯、苦黑子、红花苦豆子、羊吹泡。茎直立或下部匍匐，高 0.3～0.6m，稀达 1.3m；枝开展，具纵棱脊，被疏至密的灰白色丁字毛；托叶线状披针形、三角形至钻形，自茎下部至上部渐变小。叶轴长 5～8.5cm，上面具沟槽；小叶 11～21 片，倒卵形至倒卵状长圆形，长 5～15（25）mm，宽 3～6（10）mm，先端微凹至圆，具短尖头，基部圆形至宽楔形，上面疏被毛至无毛，侧脉不明显，下面被细小、白色丁字毛；小叶柄短，被白色细柔毛。总状花序常较叶长，长 6.5～13（～17）cm，生 6～16 花；苞片卵状披针形；花梗长 4～5mm，密被白色柔毛，小苞片线形至钻形；花萼钟状，萼齿三角形，上边 2 齿较宽短，其余较窄长，外面被白色柔毛；花冠初呈鲜红色，后变紫红色，旗瓣瓣片近圆形，向外反折，长 12～13mm，宽 12～16mm，先端微凹，基部具短柄，翼瓣较龙骨瓣短，连柄长 12mm，先端圆，基部具长 3mm 微弯的瓣柄及长 2mm 先端圆的耳状裂片，龙骨瓣长 13mm，宽 4～5mm，瓣柄长约 4.5mm，裂片近成直角，先端钝；子房近线形，密被白色柔毛，花柱弯曲，仅内侧疏被纵列髯毛，柱头近球形。荚果椭圆形至卵圆形，膨胀，长 1.7～3.5cm，直径 1.7～1.8cm，先端圆，果颈长约 10mm，果瓣膜质，外面疏被白色柔毛，缝线上较密。种子肾形至近半圆形，长约 2.5mm，褐色，珠柄长 1～3mm，种脐圆形凹陷。花期 5～8 月，果期 6～9 月。

产于吉林、辽宁、内蒙古、河北、山西、陕西、宁夏、甘肃、青海、新疆。生于海拔 960～3180m 的山坡、草原、荒地、沙滩、戈壁绿洲、沟渠旁及盐池周围，较耐干旱，习见于盐化草甸、强度钙质性灰钙土上。蒙古国、苏联地区也有分布。

有毒植物。王凯（1998）报道青海省都兰县有 23000 余只绵羊发生苦马豆中毒。白玛桑姆（2014）确证苦马豆中含有生物碱苦马豆素。

花苜蓿（*Medicago ruthenica*）

豆科（Leguminosae）苜蓿属（*Medicago*），多年生草本，高 20～70（～100）cm，俗称扁豆子、苜蓿草、野苜蓿。主根深入土中，根系发达。茎直立或上升，四棱形，基部分枝，丛生，羽状三出复叶；托叶披针形，锥尖，先端稍上弯，基部阔圆，耳状，具 1～3 枚浅齿，脉纹清晰；叶柄比小叶短，长 2～7（～12）mm，被柔毛；小叶形状变化很大，长圆状倒披针形、楔形、线形以至卵状长圆形，长（6～）10～15（～25）mm，宽（1.5～）3～7（～12）mm，先端截平，钝圆或微凹，中央具细尖，基部楔形、阔楔形至钝圆，边缘在基部 1/4 处以上具尖齿，或仅在上部具不整齐尖锯齿，上面近无毛，下面被贴伏柔毛，侧脉 8～18 对，分叉并伸出叶边成尖齿，两面均隆起；顶生小叶稍大，小叶柄长 2～6mm，侧生小叶柄甚短，被毛。花序伞形，有时长达 2cm，具花（4～）6～9（～15）朵；总花梗腋生，通常比叶长，挺直，有时也纤细并比叶短；苞片刺毛状，长 1～2mm；花长（5～）6～9mm；花梗长 1.5～4mm，被柔毛；萼钟形，长 2～4mm，宽 1.5～2mm，被柔毛，萼齿披针状锥尖，与萼筒等长或短；花冠黄褐色，中央深红色至紫色条纹，旗瓣倒卵状长圆形、倒心形至匙形，先端凹头，翼瓣稍短，长圆形，龙骨瓣明显短，卵形，均具长瓣柄；子房线形，无毛，花柱短，胚珠 4～8 粒。荚果长圆形或卵状长圆形，扁平，长 8～15（～20）mm，宽 3.5～5（～7）mm，先端钝急尖，具短喙，基部狭尖并稍弯曲，具短颈，脉纹横向倾斜，分叉，腹缝有时具流苏状的狭翅，熟后变黑；有种子2~6粒。种子椭圆状卵形，长2mm，宽1.5mm，棕色，平滑，种脐偏于一端；胚根发达。花期6~9月，果期8~10月。

产于东北、华北各地及甘肃、山东、四川。生于草原、砂地、河岸及砂砾质土壤的山坡旷野。蒙古国、俄罗斯（西伯利亚、远东地区）也有分布。

狭叶锦鸡儿（*Caragana stenophylla*）

豆科（Leguminosae）锦鸡儿属（*Caragana*），矮灌木，高30~80cm，俗称皮溜刺、母猪刺。树皮灰绿色、黄褐色或深褐色；小枝细长，具条棱，嫩时被短柔毛。假掌状复叶有4片小叶；托叶在长枝者硬化成针刺，刺长2~3mm；长枝上叶柄硬化成针刺，宿存，长4~7mm，直伸或向下弯，短枝上叶无柄，簇生；小叶线状披针形或线形，长4~11mm，宽1~2mm，两面绿色或灰绿色，常由中脉向上折叠。花梗单生，长5~10mm，关节在中部稍下；花萼钟状管形，长4~6mm，宽约3mm，无

毛或疏被毛，萼齿三角形，长约1mm，具短尖头；花冠黄色，旗瓣圆形或宽倒卵形，长14~17（~20）mm，中部常带橙褐色，瓣柄短宽，翼瓣上部较宽，瓣柄长约为瓣片的1/2，耳长圆形，龙骨瓣的瓣柄较瓣片长1/2，耳短钝；子房无毛。荚果圆筒形，长2~2.5cm，宽2~3mm。花期4~6月，果期7~8月。

产于东北、内蒙古、河北、山西、陕西、宁夏、甘肃西北部、新疆东部及北部。生于沙地、黄土丘陵、低山阳坡。苏联地区和蒙古国也有分布。有毒植物。

轮叶马先蒿（*Pedicularis verticillata*）

玄参科（Scrophulariaceae）马先蒿属（*Pedicularis*），多年生草本，干时不变黑，高达15~35cm，有时极低矮。主根多少纺锤形，一般短细，极偶然在多年的植株中肉质变粗，径达6.5mm，须状侧根不发达；根茎端有三角状卵形至长圆状卵形的膜质鳞片数对。茎直立，在当年生植株中常单条，多年生者常自根颈成丛发出，多达7条以上，中央者直立，外方者弯曲上升，下部圆形，上部多少四棱形，具毛线4条。叶基出者发达而长存，柄长达3cm左右，被疏密不等的白色长毛；叶片长圆

形至线状披针形，下面微有短柔毛，羽状深裂至全裂，长 2.5～3cm，裂片线状长圆形至三角状卵形，具不规则缺刻状齿，齿端常有多少白色胼胝质，茎生叶下部者偶对生，一般 4 枚成轮，具较短柄或几无柄，叶片较基生叶为宽短。花序总状，常稠密，唯最下一二花轮多少疏远，仅极偶然有全部花轮均有间歇；苞片叶状，下部者甚长于花，有时变为长三角状卵形，上部者基部变宽，膜质，向前有锯齿，有白色长毛；萼球状卵圆形，常变红色，口多少狭缩，膜质，具 10 条暗色脉纹，外面密被长柔毛，长 6mm，前方深开裂，齿常不很明显而偏聚于后方，后方 1 枚多独立，较小，其前侧方者与后侧方者多合并成一个三角形的大齿，顶有浅缺或无，缘无清晰的锯齿而多为全缘；花冠紫红色，长 13mm，管约在距基部 3mm 处以直角向前膝屈，使其上段由萼的裂口中伸出，上段长 5～6mm，中部稍向下弓曲，喉部宽约 3mm，下唇约与盔等长或稍长，中裂圆形而有柄，甚小于侧裂，裂片上有时红脉极显著，盔略呈镰状弓曲，长 5mm 左右，额圆形，无明显的鸡冠状凸起，下缘之端似微有凸尖，但不显著；雄蕊药对离开而不并生，花丝前方一对有毛；花柱稍伸出。蒴果形状大小多变，多少披针形，端渐尖，不弓曲，或偶然有全长向下弓曲者，或上线至近端处突然弯下成一钝尖，而后再在下基线前端成一小凸尖，长 10～15mm，宽 4～5mm；种子黑色，半圆形，长 1.8mm，有极细而不显明的纵纹。花期 7～8 月。

本种广布于北温带较寒地带，北极、欧亚大陆北部及北美西北部。东亚分布于蒙古国、日本及我国东北、内蒙古与河北等处，向西至四川北部及西部。生于海拔 2100～3350m 的湿润处，在北极则生于海岸及冻原中。

因为分布面积很广，所以本种在体态及花果的大小上颇多变化。全草有毒。

碎米蕨叶马先蒿（*Pedicularis cheilanrthifolia*）

玄参科（Scrophulariaceae）马先蒿属（*Pedicularis*），低矮或相当高升，高 5～30cm，干时略变黑。根茎很粗，被有少数鳞片；根多少变粗而肉质，略为纺锤形，在较小的植株中有时较细，长可达 10cm 以上，粗可达 10mm；茎单出直立，或成丛而多达十余条，不分枝，暗绿色，有 4 条深沟纹，沟中有成行之毛，节 2～4 枚，节间最长者可达 8cm。叶基出者宿存，有长柄，丛生，柄长达 3～4cm，茎叶 4 枚轮生，中部一轮最大，柄仅长 5～20mm；叶片线状披针形，羽状全裂，长

0.75～4cm，宽 2.5～8mm，裂片 8～12 对，卵状披针形至线状披针形，长 3～4mm，宽 1～2mm，羽状浅裂，小裂片 2～3 对，有重齿，或仅有锐锯齿，齿常有胼胝。花序一般亚头状，在一年生植株中有时花仅一轮，但大多多少伸长，长者达 10cm，下部花轮有时疏远；苞片叶状，下部者与花等长；花梗仅偶在下部花中存在；萼长圆状钟形，脉上有密毛，前方开裂至 1/3 处，长 8～9mm，宽 3.5mm，齿 5 枚，后方 1 枚三角形全缘，较膨大有锯齿的后侧方 2 枚约为一半大小，而与有齿的前侧方 2 枚等宽；花冠自紫红色一直退至纯白色，管在花初放时几伸直，后约在基部以上 4mm 处几以直角向前膝屈，上段向前方扩大，长达 11～14mm，下唇稍宽过于长，长 8mm，宽 10mm，裂片圆形而等宽，盔长 10mm，花盛开时作镰状弓曲，稍自管的上段仰起，但不久即在中部向前作膝状屈曲，端几无喙或有极短的圆锥形喙；雄蕊花丝着生于管内约等于子房中部的地方，仅基部有微毛，上部无毛；花柱伸出。蒴果披针状三角形，锐尖而长，长达 16mm，宽 5.5mm，下部为宿萼所包；种子卵圆形，基部有种阜，色浅而有明显之网纹，长 2mm。花期 6～8 月，果期 7～9 月。

产于我国甘肃西部、青海、新疆，西藏北部或许也有，亦见于中亚的其他地方。生于海拔 2150～4900m 的河滩、水沟等水分充足之处；亦见于阴坡桦木林、草坡中。全草有小毒。

中国马先蒿（*Pedicularis chinensis*）

玄参科（Scrophulariaceae）马先蒿属（*Pedicularis*），一年生，低矮或多少升高，可达 30cm，干时不变黑。主根圆锥形，有少数支根，长达 8cm。茎单出或多条，直立或外方者弯曲上升或甚至倾卧，有深沟纹，有成行的毛或几光滑，有时上部偶有分枝。叶基出与茎生，均有柄，基叶之柄长达 4cm，近基的大半部有长毛，上部之柄较短；叶片披针状长圆形至线状长圆形，长达 7cm，宽达 18mm，羽状浅裂至半裂，裂片近端者靠近，向后较疏远，7～13 对，卵形，有时带方形，钝头，基部常多少全缘而连于轴翅，前半有重锯齿，齿常有胼胝，两面无毛，下面碎冰纹网脉明显。花序常占植株的大部分，有时近基处叶腋中亦有花；苞片叶状而较小，柄近基处膨大，常有长而密的缘毛；花梗短，长者可达 10mm，被短细毛；萼管状，长 15～18mm，生有白色长毛，下部较密，或有时无长毛而仅被密短毛，亦有具紫色斑者，前方约开裂至 2/5，脉很多，达 20 条，其中仅 2 条较粗，通入齿中，齿仅 2 枚，基部有极短之柄，以上即膨大叶状，绿色，卵形至圆形，缘有缺刻状重锯齿；花冠黄色，管长 4.5～5cm，外面有毛，端不扩大，盔直立部分稍向后仰，前缘高 3～4mm，上端渐渐转向前上方成为含有雄蕊的部分，长约 4mm，前端又渐细为端指向喉部的半环状长喙，长达 9～10mm，下唇宽过于长，宽约 20mm，长自盔的基部计仅 9～10mm，有短而密的缘毛，侧裂强烈指向前外方（按其脉理而言），钝头，为不等的心脏形，其外侧的基部耳形很深，两边合成下唇的深心脏形基部，中裂宽过于长，宽约 6mm，

长仅 3～3.5mm，截头至微圆头，完全不伸出于侧裂之前；雄蕊花丝两对，均被密毛。蒴果长圆状披针形，长 19mm，宽 7mm，不很偏斜，上背缝线较急剧地弯向下方，在近端处成一斜截头，端更有指向前下方的小凸尖。

为我国特有种，产于青海东北部、甘肃南部和中部、山西与河北北部。生于海拔 1700～2900m 的高山草地中。

甘肃马先蒿（*Pedicularis kansuensis*）

玄参科（Scrophulariaceae）马先蒿属（*Pedicularis*），一年生或两年生草本，干时不变黑，体多毛，高可达 40cm 以上。根垂直向下，不变粗，或在极偶然的情况下多少变粗而肉质，有时有纺锤形分枝，有少数横展侧根。茎常多条自基部发出，中空，多少方形，草质，径达 3.5mm，有 4 条成行之毛。叶基出者常长久宿存，有长柄达 25mm，有密毛，茎叶柄较短，4 枚轮生，叶片长圆形，锐头，长达 3cm，宽 14mm，偶有卵形而宽达 20mm 以上者，羽状全裂，裂片约 10 对，披针形，长者达

14cm，羽状深裂，小裂片具少数锯齿，齿常有胼胝而反卷。花序长者达 25cm 或更多，花轮极多而均疏距，多者达 20 余轮，仅顶端者较密；苞片下部者叶状，余者亚掌状 3 裂而有锯齿；萼下有短梗，膨大而为亚球形，前方不裂，膜质，主脉明显，有 5 齿，齿不等，三角形而有锯齿；花冠长约 15mm，其管在基部以上向前膝曲，加之由于花梗与萼向前倾弯，使全部花冠几置于地平的位置上，其长为萼的 2 倍，向上渐扩大，至下唇的水平上宽达 3～4mm，下唇长于盔，裂片圆形，中裂较小，基部狭缩，其两侧与侧裂所组成的缺刻清晰可见，盔长约 6mm，多少镰状弓曲，基部仅稍宽于其他部分，中下部有一最狭部分，额高凸，常有具波状齿的鸡冠状凸起，端的下缘尖锐但无凸出的小尖；花丝 1 对有毛；柱头略伸出。蒴果斜卵形，略自萼中伸出，长锐尖头。花期 6～8 月。

为我国特有种，产于甘肃西南部、青海、四川西部，西至西藏昌都专区东部。生于海拔 1825～4000m 的草坡和有石砾处，而田埂旁尤多。

多齿马先蒿（*Pedicularis polyodonta*）

玄参科（Scrophulariaceae）马先蒿属（*Pedicularis*），一年生草本（？），干后不变黑色，高 10～20cm，但有时不达 6cm 亦开花，直立，全部密被短柔毛。根垂直向下或平展，长可达 9cm，纤细，不分枝，木质，或从根颈分 3～4 条，略肉质变粗，胡萝卜状。茎单出，或常从基部分枝，3～7 条，极偶然在中下部分枝，中空，基部多少木质化，下部圆柱形，上部略具棱角，暗棕色。叶对生，或在花序下面一节偶有 3 枚轮生者，稀疏，茎生者 2～4 对，基生的具有长柄，柄长可达 1.7cm，扁平，具有狭翅，密被白色长柔毛，茎生者近于无柄或有短柄，柄长可达 5mm，叶片卵形至卵状披针形，或有时为三角状长卵形，长 1～3cm，宽 5～11mm，基部较宽，截形至亚心脏形，顶端钝，羽状浅裂，裂片短卵形或圆形，边缘有细圆齿，两面均被短柔毛，下面间有灰白色肤屑状物。花序穗状，生于枝端，短而头状或多少伸长，长者可达 9.5cm，花多数，略密集，基部的花轮稍有间距；苞片叶状，多呈宽三角状卵形，基部很宽而鞘裹；萼管状，长 1.2～1.5cm，密被短柔毛，前方不开裂，5 条主脉虽细却显著，次脉不定数，可多达 7 条，与主脉同为密网纹所串联，萼齿 5 枚不等，长约为萼管的 1/2，后方的一枚较小，狭三角形，全缘，膜质，其余 4 枚基部三角形，中部狭缩，均膜质，上部 1/3 草质绿色，略膨大，缘有齿而反卷；花冠黄色，长 2.2～2.5cm，花管直伸，长 1～1.2cm，喉部被短柔毛，盔下部与管同一指向，上

部强烈镰形弓曲，额部略作方形而端圆，有时有狭鸡冠状凸起一条，其上有时具波状小齿一二枚，额顶下截形向下，下缘除1对主齿外，尚有明显的小齿3～5对，下唇比盔短，有极短却很明显的阔柄，三裂，边缘无缘毛，有具刺尖的细齿，中裂较大，圆形，大部分向前凸出，基部狭缩成短柄，自其柄部起有2条高凸的褶襞通向花喉，侧裂肾脏状半圆形，宽过于长；雄蕊着生在花管的近基部，2对花丝的基部与花管贴生处被短柔毛，上部无毛；子房卵状长圆形，长4～5mm，后方有代表花盘的一个长圆形附属物，长约1mm，紧贴于子房，柱头伸出于盔外达2mm。蒴果长达14mm，三角状狭卵形，斜指向上，下缝线伸直，上缝线弓曲向下，顶端有小凸尖，但不显著，几成渐尖。种子小，长仅0.7mm，黑色，有网纹。花期6～8月。

为我国特有种，产于四川西部与西北部。生于海拔2750～4150m的高山草原或疏林中。

凸额马先蒿（*Pedicularis cranolopha*）

玄参科（Scrophulariaceae）马先蒿属（*Pedicularis*），多年生草本，干时不变黑，低矮或稍稍升高，5～23cm，多少有毛。根常分枝，不很粗壮，长达10cm，径达3mm。茎常丛生，一般很短，有时伸长，多铺散成丛，在大植株中弯曲上升，不分枝，有清晰的沟纹，沿沟有成线的毛。叶基出与茎生，基出者有时早枯，有长柄，柄长达3cm，有明显之翅，叶片长圆状披针形至披针状线形，羽状深裂，长达6cm，宽达15mm，裂片卵形至披针状长圆形，锐头，羽状浅裂至具重锯齿，每边达15枚，疏远，其间距有时宽于裂片本身，茎生叶有时下部者假对生，上部者互生。花序总状顶生，花数不多；苞片叶状；萼膜质，很大，长12～20mm，前方开裂至2/5～1/2，外面光滑或有微毛，主脉5条，其中两条较粗，次脉5～6条，纤细，管上部多少有网脉，齿3枚，后方1枚多退化而很小，常全缘或略有锯齿，侧方两枚极大，基部有柄，上方卵状膨大，叶状而羽状全裂，裂片3～4对，有具刺尖的锯齿；花冠长4～5cm，外面有毛，盔直立部分略前俯，长约4mm，上端即镰状弓曲向前上方成为含有雄蕊的部分，长约6mm，其前端急细为略作半环状弓曲而

端指向喉部的喙，长 7～8mm，端深 2 裂，在额部与喙的基部相接处有相当高凸而常为三角形的鸡冠状凸起，下唇宽过于长，宽约 20mm，长约 13mm，有密缘毛，侧裂多少折扇形，端圆而不凹，宽 13mm，长约 8mm，中裂亦宽过于长，宽10～12mm，长仅 6～7mm，多少肾脏形，前方有明显的凹头；花丝两对均有密毛。花期 6～7 月。

为我国特有种，产于青海东北部、甘肃西南部与四川北部，生于海拔 3800m 的高山草原中。

蒙古芯芭（*Cymbaria mongolica*）

玄参科（Scrophulariaceae）芯芭属（*Cymbaria*），多年生草本，丛生，常有宿存的隔年枯茎，高 5～20cm。根茎垂直向下或常作不规则之字形弯曲，节间很短，节上对生膜质鳞片，有片状剥落，顶端常多头。茎数条，大都自根茎顶部发出。基部为鳞片所覆盖，常弯曲而后上升。老时木质化，密被细短毛，或有时毛稍长，但不为绵毛。叶无柄，对生，或在茎上部近于互生，被短柔毛，先端有一小凸尖，位于茎基者长圆状披针形，通常长 12mm，宽 3～4mm，向上逐渐增长，呈线状披针形，长 23～25mm，宽 3～4mm。偶有长达 42mm，宽 6mm 者。花少数，腋生于叶腋中，每茎 1～4 枚，具长 3～10mm 的弯曲或伸直的短梗；小苞片 2 枚，草质，长 8～15mm，全缘或有 1～2 枚小齿，通常与萼管基部之间有一段长 0.5～2mm 的节间；有时则紧贴于萼管基部；萼长 15～30mm，被柔毛，管内的毛较短，萼齿 5 枚，有时 6 枚，基部狭三角形；向上渐细成线形，约略等长，其长等于管的 2～3 倍，各齿之间具 1～2 枚偶有 3 枚长短不等的线状小齿，有时甚小或缺失；花冠黄色，长 25～35mm，外面被短细毛，二唇形，上唇略作盔状，裂片向前而外侧反卷，内面口盖上有长柔毛，下唇三裂，开展，裂片近于相等，倒卵形；雄蕊 4 枚，二强，花丝着生于管的近基处，位于前方的长 19～23mm，后方的长15～17mm，着生处有一粗短凸起，其上及花丝基部均被柔毛，花丝上部通常无毛，或被微毛，花药外露，背着，通常顶部无毛或偶有少量长柔毛，倒卵形，药室上部联合，下部分离，端有刺尖，长 3～3.6mm，宽 1mm，纵裂；子房长圆形；花柱细长，与上唇近于等长。先端弯向前方。蒴果革质，长卵圆形，长 10～11mm，宽 5mm，厚 2～3mm，室背开裂。种子长卵形，扁平，有时略带三棱形，长 4～4.5mm，宽2mm，密布小网眼，周围有一圈狭翅。花期 4～8 月。

产于内蒙古（九峰山）、河北（小五台山）、山西（蒲州、中阳、离由、太原、兴县）、陕西（武功、蒲城、潼关、吴堡、绥德、黄龙山）、甘肃（兰州）、青海（享

堂、西宁）等地，生于山坡地带。

铁棒锤（*Aconitum pendulum*）

毛茛科（Ranunculaceae）乌头属（*Aconitum*），块根倒圆锥形。茎高 26～100cm，无毛，只在上部疏被短柔毛，中部以上密生叶（间或叶较疏生），不分枝或分枝。茎下部在开花时枯萎，中部叶有短柄；叶片形状似伏毛铁棒锤，宽卵形，长 3.4～5.5cm，宽 4.5～5.5cm，小裂片线形，宽 1～2.2mm，两面无毛；叶柄长 4～5mm。顶生总状花序长为茎长度的 1/5～1/4，有 8～35 朵花；轴和花梗密被伸展的黄色短柔毛；下部苞

片叶状，或三裂，上部苞片线形；花梗短而粗，长 2～6mm；小苞片生花梗上部，披针状线形，长 4～5mm，疏被短柔毛；萼片黄色，常带绿色，有时蓝色，外面被近伸展的短柔毛，上萼片船状镰刀形或镰刀形，具爪，下缘长 1.6～2cm，弧状弯曲，外缘斜，侧萼片圆倒卵形，长 1.2～1.6cm，下萼片斜长圆形；花瓣无毛或有疏毛，瓣片长约 8mm，唇长 1.5～4mm，距长不到 1mm，向后弯曲；花丝全缘，无毛或疏被短毛；心皮 5，无毛或子房被伸展的短柔毛。蓇葖长 1.1～1.4cm；种子倒卵状三棱形，长约 3mm，光滑，沿棱具不明显的狭翅。7～9 月开花。

分布于西藏、云南西北部、四川西部、青海、甘肃南部、陕西南部及河南西部。生于海拔 2800～4500m 的山地草坡或林边。

全草及块根有毒，主要毒性成分为乌头碱、次乌头碱等生物碱。

白喉乌头（*Aconitum leucostomum*）

毛茛科（Ranunculaceae）乌头属（*Aconitum*），茎高约 1m，中部以下疏被反曲的短柔毛或几无毛，上部有开展的腺毛。基生叶约 1 枚，与茎下部叶具长柄；叶片形状与高乌头极为相似，长约达 14cm，宽达 18cm，表面无毛或几无毛，背面疏被短曲毛（毛长 0.5～0.8mm）；叶柄长 20～30cm。总状花序长 20～45cm，有多数密集的花；轴和花梗密被开展的淡黄色短腺毛；基部苞片三裂，其他苞片线形，比花梗长或近等长，长达 3cm；花梗长 1～3cm，中部以上的近向上直展；小苞片生花梗中部或下部，狭线形或丝形，长 3～8mm；萼片淡蓝紫色，下部带白色，外面被短柔毛，上萼片圆筒形，高 1.5～2.4cm，中部粗 4～5mm，外缘在中部缢缩，然后向外下方斜展，下缘长 0.9～1.5cm；花瓣无毛，距比唇长，稍拳卷；雄蕊无毛，花丝全缘；心皮 3，无毛。蓇葖长 1～1.2cm；种子倒卵形，有不明显 3 纵棱，生横狭翅。7～8 月开花。

在我国分布于新疆、甘肃西北部（山丹）。生于海拔 1400～2550m 的山地草坡或山谷沟边。在哈萨克斯坦也有分布。

全草有毒，块根毒性最大。

露蕊乌头（*Aconitum gymnandrum*）

毛茛科（Ranunculaceae）乌头属（*Aconitum*）。根一年生，近圆柱形，长 5～14cm，粗 1.5～4.5mm，俗称泽兰、罗贴巴。茎高（6～）25～55（～100）cm，被疏或密的短柔毛，下部有时变无毛，等距地生叶，常分枝。基生叶 1～3（～6）枚，与最下部茎生叶通常在开花时枯萎；叶片宽卵形或三角状卵形，长 3.5～6.4cm，宽 4～5cm，三全裂，全裂片二至三回深裂，小裂片狭卵形至狭披针形，表面疏被短伏毛，背面沿脉疏被长柔毛或变无毛；下部叶柄长 4～7cm，上部的叶柄渐变短，具狭鞘。总状花序有 6～16 花；基部苞片似叶，其他下部苞片三裂，中部以上苞片披针形至线形；花梗长 1～5（～9）cm；小苞片生花梗上部或顶部，叶状至线形，长 0.5～1.5cm；萼片蓝紫色，少有白色，外面疏被柔毛，有较长爪，上萼片船形，高约 1.8cm，爪长约 1.4cm，侧萼片长 1.5～1.8cm，瓣片与爪近等长；花瓣的瓣片宽 6～8mm，疏被缘毛，距短，头状，疏被短毛；

花丝疏被短毛；心皮 6～13，子房有柔毛。蓇葖果长 0.8～1.2cm。种子倒卵球形，长约 1.5mm，密生横狭翅。6～8 月开花。

分布于我国西藏、四川西部、青海、甘肃南部。生于海拔 1550～3800m 的山地草坡、田边草地或河边沙地。全草有毒。

疏花翠雀花（*Delphinium sparsiflorum*）

毛茛科（Ranunculaceae）翠雀属（*Delphinium*），茎高达 1.2m，与叶柄、花序轴和花梗均无毛，上部有少数分枝。叶的形状与秦岭翠雀花极为相似，中部叶的叶片长

7.5～11.5cm，宽 11～14cm。圆锥花序金字塔形，稀疏；花梗斜展，长 1.8～3.8cm；小苞片生花梗中部或中部稍上处，钻形，长 2～3.5mm，无毛；花近平展，长 1.5～2.2cm；萼片蓝色或淡粉红色，卵形或椭圆形，长 9～10mm，上萼片顶端有时具短角，上部密被白色短柔毛，其他部分无毛，距圆锥状，长 6～11mm，末端钝，直或稍向下倾；花瓣与萼片同色，无毛，顶端二浅裂；退化雄蕊与萼片同色，瓣片二裂稍超过中部，边缘有长柔毛，腹面有黄色髯毛；雄蕊无毛；心皮 3，无毛。7～8 月开花。

分布于青海东部、甘肃的中部和南部、宁夏南部（泾源）。生于海拔 1900～2800m 的山地草坡或云杉林中。

裂瓣翠雀（*Delphinium grandiflorum* var. *mosoynense*）

毛茛科（Ranunculaceae）翠雀属（*Delphinium*），与翠雀的区别：退化雄蕊的瓣片二裂近中部。茎高 35～65cm，与叶柄均被反曲而贴伏的短柔毛，上部有时变无毛，等距地生叶，分枝。基生叶和茎下部叶有长柄；叶片圆五角形，长 2.2～6cm，宽 4～8.5cm，三全裂，中央全裂片近菱形，一至二回三裂近中脉，小裂片线状披针形至线形，宽 0.6～2.5（～3.5）mm，边缘干时稍反卷，侧全裂片扇形，不等二深裂近基部，两面疏被短柔毛或近无毛；叶柄长为叶片的 3～4 倍，基部具短鞘。总状花序有 3～15 花；下部苞片叶状，其他苞片线形；花梗长 1.5～3.8cm，与轴密被贴伏的白色短柔毛；小苞片生花梗中部或上部，线形或丝形，长

3.5～7mm；萼片紫蓝色，椭圆形或宽椭圆形，长1.2～1.8cm，外面有短柔毛，距钻形，长1.7～2（～2.3）cm，直或末端稍向下弯曲；花瓣蓝色，无毛，顶端圆形；退化雄蕊蓝色，瓣片近圆形或宽倒卵形，顶端全缘或微凹，腹面中央有黄色髯毛；雄蕊无毛；心皮3，子房密被贴伏的短柔毛。蓇葖果直，长1.4～1.9cm。种子倒卵状四面体形，长约2mm，沿棱有翅。5～10月开花。

在我国分布于云南（昆明以北）、四川西北部、山西、河北、内蒙古、辽宁和吉林的西部、黑龙江。生于海拔500～2800m的山地草坡或丘陵砂地。在俄罗斯西伯利亚地区、蒙古国也有分布。

甘青铁线莲（*Clematis tangutica*）

毛茛科（Ranunculaceae）铁线莲属（*Clematis*），落叶藤本，长1～4m（生于干旱沙地的植株高仅30cm左右）。主根粗壮，木质。茎有明显的棱，幼时被长柔毛，后脱落。一回羽状复叶，有5～7小叶；小叶片基部常浅裂、深裂或全裂，侧生裂片小，中裂片较大，卵状长圆形、狭长圆形或披针形，长（2～）3～4（～5.5）cm，宽0.5～1.5cm，顶端钝，有短尖头，基部楔形，边缘有不整齐缺刻状的锯齿，上面有毛或无毛，下面有疏长毛；叶柄长（2～）3～4（～7.5）cm。花单生，有时为单聚伞花序，有3花，腋生；花序梗粗壮，长（4.5～）6～15（～20）cm，有柔毛；萼片4，黄色外面带紫色，斜上展，狭卵形、椭圆状长圆形，长1.5～2.5（～3.5）cm，顶端渐尖或急尖，外面边缘有短绒毛，中间被柔毛，内面无毛，或近无毛；花丝下面稍扁平，被开展的柔毛，花药无毛；子房密生柔毛。瘦果倒卵形，长约4mm，有长柔毛，宿存花柱长达4cm。花期6～9月，果期9～10月。

分布于我国新疆（海拔2160～2700m）、西藏（3150～4900m）、四川西部（1920～3800m）、青海（1370～2700m）、甘肃南部和东部（1800～3700m）、陕西。生于高原草地或灌丛中。苏联中亚地区也有分布。

百里香（*Thymus mongolicus*）

唇形科（Labiatae）百里香属（*Thymus*），半灌木。茎多数，匍匐或上升；不育枝从茎的末端或基部生出，匍匐或上升，被短柔毛；花枝高（1.5～）2～10cm，在花序下密被向下曲或稍平展的疏柔毛，下部毛变短而疏，具2～4对叶，基部有脱落的先出叶。叶为卵圆形，长4～10mm，宽2～4.5mm，先端钝或稍锐尖，基部楔形或渐狭，全缘或稀有1～2对小锯齿，两面无毛，侧脉2～3对，在下面微突起，腺点多少有些明显，叶柄明显，靠下部的叶柄长约为叶片的1/2，在上部则较短；苞叶与叶同形，边缘在下部1/3具缘毛。花序头状，多花或少花，花具短梗。花萼管状钟形或狭钟形，长4～4.5mm，下部被疏柔毛，上部近无毛，下唇较上唇长或与上唇近相

等，上唇齿短，齿不超过上唇全长1/3，三角形，具缘毛或无毛。花冠紫红色、紫色或淡紫色、粉红色，长6.5～8mm，被疏短柔毛，冠筒伸长，长4～5mm，向上稍增大。小坚果近圆形或卵圆形，压扁状，光滑。花期7～8月。

产于甘肃、陕西、青海、山西、河北、内蒙古。生于多石山地、斜坡、山谷、山沟、路旁及杂草丛中，海拔1100～3600m。

黏毛黄芩（*Scutellaria viscidula*）

唇形科（Labiatae）黄芩属（*Scutellaria*），多年生草本。根茎直生或斜行，通常粗2.5～4mm，有时可达1.8cm，白上部生出数茎。茎直立或渐上升，高8～24cm，四棱形，粗0.8～1.2mm，被疏或密、倒向或有时近平展、具腺的短柔毛，通常生出多数伸长而斜向开展的分枝。叶具极短的柄或无柄，下部叶通常具柄，柄长达2mm；叶片披针形、披针状线形或线状长圆形至线形，长1.5～3.2cm，宽2.5～8mm，顶端微钝或钝，基部楔形或阔楔形，全缘，密被短睫毛，上面疏被紧贴的短柔毛或几无毛，下面被疏或密生的短柔毛，两面均有多数黄色腺点，侧脉3～4对，与中脉在上面凹陷下面凸起。花序顶生，总状，长4～7cm；花梗长约3mm，与序轴均密被具腺平展短柔毛；苞片下部者似叶，上部者远较小，椭圆形或椭圆状卵形，长4～5mm，密被具腺小疏柔毛。花萼开花时长约3mm，盾片高1～1.5mm，密被具腺小疏柔毛，果时花萼长达6mm，盾片高4mm；花冠黄白色或白色，长2.2～2.5cm，外面被疏或密的具腺短柔毛，内面在囊状膨大处疏被柔毛；冠筒近基部明显膝曲，中部径2.5mm，至喉部甚增大，宽达7mm；冠檐2唇形，上唇盔状，先端微缺，下唇中裂片宽大，近圆形，直径13mm，两侧裂片卵圆形，宽3mm；雄蕊

4，前对较长，伸出，具半药，退化半药不明显，后对较短，内藏，具全药，药室裂口具髯毛；花丝扁平，中部以下具疏柔毛；花柱细长，先端锐尖，微裂；花盘肥厚，前方隆起，后方延伸成长 0.5mm 的子房柄；子房褐色，无毛。小坚果黑色，卵球形，具瘤，腹面近基部具果脐。花期 5～8 月，果期 7～8 月。

产于山西北部、内蒙古、河北北部及山东（烟台）。生于海拔 700～1400m 的沙砾地、荒地或草地。

密花香薷（*Elsholtzia densa*）

唇形科（Labiatae）香薷属（*Elsholtzia*），草本，高 20～60cm，密生须根，俗称咳嗽草、野紫苏、臭香茹、媳蟀巴。茎直立，自基部多分枝，分枝细长，茎及枝均四棱形，具槽，被短柔毛。叶长圆状披针形至椭圆形，长 1～4cm，宽 0.5～1.5cm，先端急尖或微钝，基部宽楔形或近圆形，边缘在基部以上具锯齿，草质，上面绿色下面较淡，两面被短柔毛，侧脉 6～9 对，与中脉在上面下陷下面明显；叶柄长 0.3～1.3cm，背腹扁平，被短柔毛。穗状花序长圆形或近圆形，长 2～6cm，宽 1cm，密被紫色串珠状长柔毛，由密集的轮伞花序组成；最下的一对苞叶与叶同形，向上呈苞片状，卵圆状圆形，长约 1.5mm，先端圆，外面及边缘被具节长柔毛；花萼钟状，长约 1mm，外面及边缘密被紫色串珠状长柔毛，萼齿 5，后 3 齿稍长，近三角形，果时花萼膨大，近球形，长 4mm，宽达 3mm，外面极密被串珠状紫色长柔毛；花冠小，淡紫色，长约

2.5mm，外面及边缘密被紫色串珠状长柔毛，内面在花丝基部具不明显的小疏柔毛环，冠筒向上渐宽大，冠檐二唇形，上唇直立，先端微缺，下唇稍开展，3 裂，中裂片较侧裂片短；雄蕊 4，前对较长，微露出，花药近圆形；花柱微伸出，先端近相等 2 裂。小坚果卵珠形，长 2mm，宽 1.2mm，暗褐色，被极细微柔毛，腹面略具棱，顶端具小疣突起。花、果期 7～10 月。

产于河北、山西、陕西、甘肃、青海、四川、云南、西藏及新疆；生于林缘、高山草甸、林下、河边及山坡荒地，海拔 1800～4100m。阿富汗、巴基斯坦、尼泊尔、印度、苏联地区也有分布。

糙苏（原变种）（*Phlomis umbrosa* var. *umbrosa*）

唇形科（Labiatae）糙苏属（*Phlomis*），多年生草本。根粗厚，须根肉质，长

至 30cm，粗至 1cm。茎高 50～150cm，多分枝，四棱形，具浅槽，疏被向下短硬毛，有时上部被星状短柔毛，常带紫红色。叶近圆形、圆卵形至卵状长圆形，长 5.2～12cm，宽 2.5～12cm，先端急尖，稀渐尖，基部浅心形或圆形，边缘为具胼胝尖的锯齿状牙齿，或为不整齐的圆齿，上面橄榄绿色，被疏柔毛及星状疏柔毛，下面较淡，毛被同叶上面，但有时较密；叶柄长 1～12cm，腹凹背凸，密被短硬毛；苞叶通常为卵形，长 1～3.5cm，宽 0.6～2cm，边缘为粗锯齿状牙齿，毛被同茎叶，叶柄长 2～3mm。轮伞花序通常 4～8 花，多数，生于主茎及分枝上；苞片线状钻形，较坚硬，长 8～14mm，宽 1～2mm，常呈紫红色，被星状微柔毛、近无毛或边缘被具节缘毛；花萼管状，长约 10mm，宽约 3.5mm，外面被星状微柔毛，有时脉上疏被具节刚毛，齿先端具长约 1.5mm 的小刺尖，齿间形成两个不十分明显的小齿，边缘被丛毛。花冠通常粉红色，下唇色较深，常具红色斑点，长约 1.7cm，冠筒长约 1cm，外面除背部上方被短柔毛外余部无毛，内面近基部 1/3 具斜向间断的小疏柔毛毛环，冠檐二唇形，上唇长约 7mm，外面被绢状柔毛，边缘具不整齐的小齿，自内面被髯毛，下唇长约 5mm，宽约 6mm，外面除边缘无毛外密被绢状柔毛，内面无毛，3 圆裂，裂片卵形或近圆形，中裂片较大。雄蕊内藏，花丝无毛，无附属器。小坚果无毛。花期 6～9 月，果期 9 月。

产于辽宁、内蒙古、河北、山东、山西、陕西、甘肃、四川、湖北、贵州及广东。生于疏林下或草坡上，海拔 200～3200m。

脓疮草（*Panzeria alaschanica*）

唇形科（Labiatae）脓疮草属（*Panzeria*），多年生草本，具粗大的木质主根。茎从基部发出，高 30～35cm，基部近于木质，多分枝，茎、枝四棱形，密被白色短绒毛。叶轮廓为宽卵圆形，宽 3～5cm，茎生叶掌状 5 裂，裂片常达基部，狭楔形，宽 2～4mm，小裂片线状披针形，苞叶较小，3 深裂，叶片上面由于密被贴生短毛而呈灰白色，下面被有白色紧密的绒毛，叶脉在上面下陷，下面不明显突出，叶柄细长，扁平，被绒毛。轮伞花序多花，多数密集排列成顶生长穗状花序；小苞片钻形，先端刺尖，被绒毛；花萼管状钟形，外面密被绒毛，内面无毛，由于毛被密集而脉不明显，萼筒长 1.2～1.5cm，齿 5，稍不等大，长 2～3mm，前 2 齿稍长，宽三角形，先端骤然短刺尖；花冠淡黄色或白色，下唇有红色条纹，长（30～）33～40mm，外被丝状长柔毛，内面无毛，冠檐二唇形，上唇直伸，盔状，长圆形，基部收缩，下唇直伸，浅3裂，中裂片较大，心形，侧裂片卵圆形；雄蕊4，前对稍长，花丝丝状，略被微柔毛，花药黄色，卵圆形，2室，室平行，横裂；花柱丝状，略短于雄蕊，先端相等2浅裂；花盘平顶。小坚果卵圆状三棱形，具疣点，顶端圆，长约3mm。花期7～9月。

产于内蒙古西南部、陕西、宁夏；生于砂地上，海拔900～1350（～2650？）m。

白花枝子花（*Dracocephalum heterophyllum*）

唇形科（Labiatae）青兰属（*Dracocephalum*）。茎在中部以下具长的分枝，高10～15cm，有时高达30cm，四棱形或钝四棱形，密被倒向的小毛。茎下部叶具超过或等于叶片的长柄，柄长2.5～6cm，叶片宽卵形至长卵形，长1.3～4cm，宽0.8～2.3cm，先端钝或圆形，基部心形，下面疏被短柔毛或几无毛，边缘被短睫毛及浅圆齿；茎中部叶与基生叶同形，具与叶片等长或较短的叶柄，边缘具浅圆齿或尖锯齿；茎上部叶变小，叶柄变短，锯齿常具刺而与苞片相似。轮伞花序生于茎上部叶腋，长4.8～11.5cm，具4～8花，因上部节间变短而花又长过节间，故各轮花密集；花具短梗；苞片较萼稍短或为其之1/2，倒卵状匙形或倒披针形，疏被小毛及短睫毛，边缘每侧具3～8个小齿，齿具长刺，刺长2～4mm；花萼长15～17mm，浅绿色，外面疏被短柔毛，下部较密，边缘被短睫毛，2裂几至中部，上唇3裂至本身长度的1/3或1/4，齿几等大，三角状卵形，先端具刺，刺长约15mm，下唇2裂至本身长度的2/3处，齿披针形，先端具刺。花冠白色，长（1.8～）2.2～3.4（～3.7）cm，外面密被白色或淡黄色短柔毛，二唇近等长；雄蕊无毛。花期6～8月。

产于山西（神池），内蒙古（大青山），宁夏（贺兰山），甘肃（兰州以西及西南），四川西北部、西部，青海，西藏

及新疆（天山）。生于山地草原及半荒漠的多石干燥地区，青海、甘肃以东分布于海拔1100～2800m，以西则可达海拔5000m，新疆则在海拔2200～3100m。苏联地区也有分布。

新疆鼠尾草（*Salvia deserta*）

唇形科（Labiatae）鼠尾草属（*Salvia*），多年生草本。根茎粗壮，木质，斜行，向下生出纤维状须根。茎单一或多数自根茎生出，高达70cm，钝四棱形，具浅槽及细条纹，绿色，被疏柔毛及微柔毛，不分枝或多分枝。叶卵圆形或披针状卵圆形，长4～9cm，宽1.5～5cm，先端锐尖或渐尖，基部心形，边缘具不整齐的圆锯齿，上面绿色，膨泡状，粗糙，被微柔毛，脉下陷，下面淡绿色或灰绿色，洼格状，脉隆起，被短柔毛；叶柄长达4cm，短至无柄，向茎顶渐变短，腹凹背凸，被疏柔毛及微柔毛。轮伞花序4～6花，由枝及茎顶组成伸长的总状或总状圆锥花序；苞片宽卵圆形，紫红色，长4～6mm，先端尾状渐尖或渐尖，基部圆形，全缘，无柄，两面密被短柔毛，下面尚混生少数黄褐色腺点，边缘具缘毛；花梗长1.5mm，与花序轴密被微柔毛；花萼卵状钟形，长5～6mm，外面主沿脉上被小疏柔毛，余部散布黄褐色腺点，内面在萼筒上部及檐部满布微硬伏毛，二唇形，唇裂至花萼长1/3，上唇半圆形，长约1.5mm，宽4mm，全缘，先端具3小齿，中齿较小且稍向外，二侧齿较长且向中齿靠拢，下唇比上唇长，长约3mm，宽4mm，深裂成2齿，齿长三角形，先端

锐尖；花冠蓝紫色至紫色，长9～10mm，外面被小疏柔毛，混生有黄褐色腺点，内面在冠筒前面离基部约2mm处有一毛排但不成毛环，冠筒长约4mm，基部宽2mm，向上渐宽大，至喉部宽3mm，直伸，冠檐二唇形，上唇椭圆形，长5mm，宽3.5mm，两侧折合，弯成镰刀形，先端微凹，下唇轮廓近圆形，长5mm，宽6.5mm，3裂，中裂片阔倒心形，长3mm，宽5.5mm，先端微凹，边缘波状，侧裂片椭圆形，宽约2mm。能育雄蕊2，不外伸，与花冠等长，花丝长约2mm，药隔长6.5mm，上臂长4.5mm，下臂长2mm，下侧面具长方形膜质的薄翅，翅的顶端有胼胝体，二下臂以胼胝体联合。花柱与花冠等长，先端不相等2浅裂，前裂片较长。花盘前面稍膨大。小坚果倒卵圆形，长1.5mm，黑色，光滑。花、果期6～10月。

产于新疆北部。生于田野荒地、沟边、沙滩草地及林下，海拔270～1850m。

西伯利亚滨藜（*Atriplex sibirica*）

藜科（Chenopodiaceae）滨藜属（*Atriplex*），一年生草本，高20～50cm。茎

通常自基部分枝；枝外倾或斜伸，钝四棱形，无色条，有粉。叶片卵状三角形至菱状卵形，长 3～5cm，宽 1.5～3cm，先端微钝，基部圆形或宽楔形，边缘具疏锯齿，近基部的 1 对齿较大而呈裂片状，或仅有 1 对浅裂片而其余部分全缘，上面灰绿色，无粉或稍有粉，下面灰白色，有密粉；叶柄长 3～6mm。团伞花序腋生；雄花花被 5 深裂，裂片宽卵形至卵形；雄蕊 5，花丝扁平，基部联合，花药宽卵形至短矩圆形，长约 0.4mm；雌花的苞片连合成筒状，仅顶缘分离，果时臌胀，略呈倒卵形，长 5～6mm（包括柄），宽约 4mm，木质化，表面具多数不规则的棘状突起，顶缘薄，牙齿状，基部楔形。胞果扁平，卵形或近圆形；果皮膜质，白色，与种子贴伏。种子直立，红褐色或黄褐色，直径 2～2.5mm。花期 6～7 月，果期 8～9 月。

产于黑龙江、吉林、辽宁、内蒙古、河北北部、陕西北部、宁夏、甘肃西北部、青海北部至新疆。生于盐碱荒漠、湖边、渠沿、河岸及固定沙丘等处。蒙古国及哈萨克斯坦、俄罗斯西伯利亚也有分布。

雾冰藜（*Bassia dasyphylla*）

藜科（Chenopodiaceae）雾冰藜属（*Bassia*），植株高 3～50cm，俗称肯诺藜、星状刺果藜、雾冰草。茎直立，密被水平伸展的长柔毛；分枝多，开展，与茎夹角通常大于 45°，有的几成直角。叶互生，肉质，圆柱状或半圆柱状条形，密被长柔毛，长 3～15mm，宽 1～1.5mm，先端钝，基部渐狭。花两性，单生或两朵簇生，通常仅一花发育。花被筒密被长柔毛，裂齿不内弯，果时花被背部具 5 个钻状附属物，三棱状，平直，坚硬，形成一平展的五角星状；雄蕊 5，花丝条形，伸出花被外；子房卵状，具短的花柱和 2（～3）个长的柱头。果实卵圆状。种子近圆形，光滑。花果期 7～9 月。

产于黑龙江、吉林、辽宁、山东、河北、山西、陕西、甘肃、内蒙古、青海、

新疆和西藏。生于戈壁、盐碱地、沙丘、草地、河滩、阶地及洪积扇上。分布于苏联地区和蒙古国。

梭梭 (*Haloxylon ammodendron*)

藜科（Chenopodiaceae）梭梭属（*Haloxylon*），小乔木，高 1～9m，树干地径可达 50cm，俗称琐琐、梭梭柴。树皮灰白色，木材坚而脆；老枝灰褐色或淡黄褐色，通常具环状裂隙；当年枝细长，斜升或弯垂，节间长 4～12mm，直径约 1.5mm。叶鳞片状，宽三角形，稍开展，先端钝，腋间具棉毛。花着生于二年生枝条的侧生短枝上；小苞片舟状，宽卵形，与花被近等长，边缘膜质；花被片矩圆形，先端钝，背面先端之下 1/3 处生翅状附属物；翅状附属物肾形至近圆形，宽 5～8mm，斜伸或平展，边缘波状或啮蚀状，基部心形至楔形；花被片在翅以上部分稍内曲并围抱果实；花盘不明显。胞果黄褐色，果皮不与种子贴生。种子黑色，直径约 2.5mm；胚盘旋成上面平下面凸的陀螺状，暗绿色。花期 5～7 月，果期 9～10 月。

产于宁夏西北部、甘肃西部、青海北部、新疆、内蒙古。生于沙丘、盐碱土荒漠、河边沙地等处。分布于中亚和俄罗斯西伯利亚。

盐爪爪 (*Kalidium foliatum*)

藜科（Chenopodiaceae）盐爪爪属（*Kalidium*），小灌木，高 20～50cm，俗称灰碱柴。茎直立或平卧，多分枝；枝灰褐色，小枝上部近于草质，黄绿色。叶片圆柱状，伸展或稍弯，灰绿色，长 4～10mm，宽 2～3mm，顶端钝，基部下延，半抱茎。花序穗状，无柄，长 8～15mm，直径 3～4mm，每 3 朵花生于 1 鳞状苞片内；花被合生，上部扁平呈盾状，盾片宽五角形，周围有狭窄的翅状边缘；雄蕊 2；种子直立，近圆形，直径约 1mm，密生乳头状小突起。花果期 7～8 月。

产于黑龙江、内蒙古、河北北部、甘肃北部、宁夏、青海、新疆。生于盐碱滩、盐湖边。蒙古国、俄罗斯西伯利亚、中亚地区和欧洲东南部也有分布。

细枝盐爪爪 *Kalidium gracile*

藜科（Chenopodiaceae）盐爪爪属（*Kalidium*），小灌木，高 20～50cm，俗称碱柴。茎直立，多分枝；老枝灰褐色，树皮开裂，小枝纤细，黄褐色，易折断。叶不发育，瘤状，黄绿色，顶端钝，基部狭窄，下延。花序为长圆柱形的穗状花序，细弱，长 1～3cm，直径约 1.5mm，每个苞片内生 1 朵花；花被合生，上部扁平成盾状，顶端有 4 个膜质小齿。种子卵圆形，直径 0.7～1mm，淡红褐色，密生乳头状小突起。花果期 7～9 月。

产于内蒙古、陕西、甘肃、青海、宁夏、新疆。生于河谷碱地、芨芨草滩及盐湖边。蒙古国也有分布。

紫翅猪毛菜（*Salsola affinis*）

藜科（Chenopodiaceae）猪毛菜属（*Salsola*），一年生草本，高 10～30cm，自基部分枝。枝互生，最基部的枝近对生，上升或外倾，乳白色，密生柔毛，有时毛脱落。叶互生，下部的叶近对生，叶片半圆柱状，长 1～2.5cm，宽 2～3mm，密生短柔毛，顶端钝，基部稍扩展，不下延，下部的叶通常弯曲。花序穗状，生于枝条的上部；苞片宽卵形，顶端钝，边缘膜质，短于小苞片；小苞片卵形，短于花被；花被片披针形，膜质，无毛或有疏柔毛，以后柔毛脱落，顶端尖，果时自背面中下部生翅；翅 3 个为肾形，膜质，紫红色或暗褐色，有多数细而密集的脉，2 个较小为倒卵形，花被果时（包括翅）直径 5～10mm；花被片在翅以上部分为披针形，膜质，向中央聚集，形成圆锥体；花药附属物椭圆形，白色；柱头与花柱近等长或略超过。种子横生，有时为直立。花期 7～8 月，果期 8～9 月。

产于新疆。生于砾质荒漠、小丘陵、干旱黏质盐土。苏联中亚地区也有分布。

松叶猪毛菜（*Salsola laricifolia*）

藜科（Chenopodiaceae）猪毛菜属（*Salsola*），小灌木，高 40～90cm，多分枝。老枝黑褐色或棕褐色，有浅裂纹，小枝乳白色，无毛有时有小突起。叶互生，老枝上的叶簇生于短枝的顶端，叶片半圆柱状，长 1～2cm，宽 1～2mm，肥厚，黄绿色，顶端钝或尖，基部扩展而稍隆起，不下延，扩展处的上部缢缩成柄状，叶片自缢缩处脱落，基部残留于枝上。花序穗状；苞片叶状，基部下延；小苞片宽卵形，背面肉质，绿色，顶端草质，急尖，两侧边缘为膜质；花被片长卵形，顶端钝，背部稍坚硬，无毛，淡绿色，边缘为膜质，果时自背面中下部生翅；翅 3 个较大，肾形，膜质，有多数细而密集的紫褐色脉，2 个较小，近圆形或倒卵形，花被果时（包括翅）直径 8～11mm；

花被片在翅以上部分，向中央聚集成圆锥体；花药附属物顶端急尖；柱头扁平，钻状，长约为花柱的 2 倍。种子横生。花期 6～8 月，果期 8～9 月。

产于新疆北部、内蒙古、甘肃北部及宁夏。生于山坡、砂丘、砾质荒漠。蒙古国、苏联中亚地区也有分布。

珍珠猪毛菜（*Salsola passerina*）

藜科（Chenopodiaceae）猪毛菜属（*Salsola*），半灌木，高 15～30cm，植株密生丁字毛，自基部分枝。老枝木质，灰褐色，伸展；小枝草质，黄绿色，短枝缩短呈球形。叶片锥形或三角形，长 2～3mm，宽约 2mm，顶端急尖，基部扩展，背面隆起，通常早落。花序穗状，生于枝条的上部；苞片卵形；小苞片宽卵形，顶端尖，两侧边缘为膜质；花被片长卵形，背部近肉质，边缘为膜质，果时自背面中部生翅；翅 3 个为肾形，膜质，黄褐色或淡紫红色，密生细脉，2 个较小为倒卵形，花被果时（包括翅）直径 7～8mm；花被片在翅以上部分，生丁字毛，向中央聚集成圆锥体，在翅以下部分，无毛；花药矩圆形，自基部分离至近顶部；花药附属物披针形，顶端急尖；柱头丝状。种子横生或直立。花期 7～9 月，果期 8～9 月。

产于甘肃、宁夏、青海及内蒙古。生于山坡，砾质滩地。蒙古国也有分布。

蒿叶猪毛菜（*Salsola abrotanoides*）

藜科（Chenopodiaceae）猪毛菜属（*Salsola*），匍匐状半灌木，高 15～40cm；老枝灰褐色，有纵裂纹，小枝草质，密集，黄绿色，有细条棱，密生小突起。叶片半圆柱状，互生，老枝上的叶簇生于短枝的顶端，长 1～2cm，宽 1～2mm，顶端钝或有小尖，基部扩展，在扩展处的上部缢缩成柄状，叶片自缢缩处脱落。花序穗状，细弱，花排列稀疏；苞片比小苞片长；小苞片长卵形，比花被短，边缘膜质；花被片卵形，背面肉质，边缘膜质，顶端钝，果时自背面中部生翅；翅 3 个较大，膜质，半圆形，黄褐色，有多数粗壮的脉，2 个稍小，为倒卵形，花被果时（包括翅）直径 5～7mm；花被片在翅以上部分，顶端钝，背部肉质，边缘为膜质，紧贴果实；花药附属物极小；柱头钻状，扁平，长为花柱的 2 倍。种子横生。花期 7～8 月，果期 8～9 月。

产于新疆、青海、甘肃西部。生于山坡、山麓洪积扇、多砾石河滩。

蒙古虫实（*Corispermum mongolicum*）

藜科（Chenopodiaceae）虫实属（*Corispermum*），植株高 10～35cm。茎直立，圆柱形，直径约 2.5mm，被毛；分枝多集中于基部，最下部分枝较长，平卧或上升，上部分枝较短，斜展。叶条形或倒披针形，长 1.5～2.5cm，宽 0.2～0.5cm，先端急尖具小尖头，基部渐狭，1 脉。穗状花序顶生和侧生，细长，稀疏，圆柱形，长（1.5～）3～6cm；苞片由条状披针形至卵形，长 5～20mm，宽约 2mm，先端渐尖，基部渐狭，被毛，1 脉，膜质缘较窄，全部掩盖果实；花被片 1，矩圆形或宽椭圆形，顶端具不规则的细齿；雄蕊 1～5，超过花被片。果实较小，

广椭圆形，长 1.5～2.25（～3）mm，宽 1～1.5mm，顶端近圆形，基部楔形，背部强烈凸起，腹面凹入；果核与果同形，灰绿色，具光泽，有时具泡状突起，无毛；果喙极短，喙尖为喙长的 1/2；翅极窄，几近无翅，浅黄绿色，全缘。花果期 7～9 月。

产于内蒙古西部、宁夏、甘肃、新疆东部，生于沙质戈壁、固定沙丘或沙质草原。分布于俄罗斯西西伯利亚、蒙古国。

全草含皂苷，阴雨天牲畜采食后可引起急性瘤胃鼓气。

阿拉善碱蓬（*Suaeda przewalskii*）

藜科（Chenopodiaceae）碱蓬属（*Suaeda*），一年生草本，高 20～40cm，植株绿色、带紫色或带紫红色，俗称水杏、水珠子。茎多条，平卧或外倾，圆柱状，通常稍有弯曲，有分枝；枝细瘦，稀疏。叶略呈倒卵形，肉质，多水分，长 10～15mm，最宽处约 5mm，先端钝圆，基部渐狭，无柄或近无柄。团伞花序通常含 3～10 花，生叶腋和有分枝的腋生短枝上；花两性兼有雌性；小苞片全缘；花被近球形，顶基稍扁，5 深裂；裂片宽卵形，果时背面基部向外延伸出不等大的横狭翅；花药矩圆形，

长约 0.5mm；柱头 2，细小。胞果为花被所包覆，果皮与种子紧贴。种子横生，肾形或近圆形，直径约 1.5mm，周边钝，种皮薄壳质或膜质，黑色，几无光泽，表面具清晰的蜂窝状点纹。花果期 6～10 月。

产于宁夏、甘肃西部。生于沙丘间、湖边、低洼盐碱地等处。蒙古国也有分布。

红果沙拐枣（*Calligonum rubicundum*）

蓼科（Polygonaceae）沙拐枣属（*Calligonum*），灌木，高 80～150cm。老枝木质化暗红色、红褐色或灰褐色；当年生幼枝灰绿色，有节，节间长 1～4cm。叶线形，长 2～5mm。花被粉红色或红色，果时反折。果实（包括翅）卵圆形、宽卵形或近圆形，长 14～20mm，宽 14～18mm；幼果淡绿色、淡黄色、金黄色或鲜红色，成熟果淡黄色、黄褐色或暗红色；瘦果扭转，肋较宽；翅近革质，较厚，质硬，有肋纹，边缘有齿或全缘。花期 5～6 月，果期 6～7 月。

产于新疆西北部（额尔齐斯河两岸）。生于半固定沙丘、固定沙丘和沙地，海拔 450～1000m。俄罗斯（西西伯利亚）、哈萨克斯坦也有分布。

鹰爪柴（*Convolvulus gortschakovii*）

旋花科（Convolvulaceae）旋花属（*Convolvulus*），亚灌木或近于垫状小灌木，高 10～20（～30）cm，俗称铁猫刺、鹰爪。具或多或少呈直角开展而密集的分枝，小枝具短而坚硬的刺；枝条、小枝和叶均密被贴生银色绢毛。叶倒披针形、披针形或线状披针形，先端锐尖或钝，基部渐狭。花单生于短的侧枝上，常在末端具两个小刺，花梗短，长 1～2mm；萼片被散生的疏柔毛，或通常无毛，或仅沿上部边缘具短缘毛，长 8～12mm，不相等，2 个外萼片宽卵圆形，基部心形，显著较 3 个内萼片宽；花冠漏斗状，长 17～22mm，玫瑰色；雄蕊 5，稍不等长，短于花冠一半，花丝丝状，基部稍扩大，无毛，花药箭形；雌蕊稍长过雄蕊，花盘环状；子房圆锥状，被长毛；花柱丝状，柱头 2，线形。蒴果阔椭圆形，长约 6mm，顶端具不密集的毛。花期 5～6 月。

产于我国西北部及北部（新疆、陕西、甘肃、宁夏、内蒙古）。生于沙漠及干燥多砾石的山坡。苏联地区及蒙古国亦有分布。

千里光（*Senecio scandens*）

菊科（Compositae）千里光属（*Senecio*），多年生攀缘草本。根状茎木质，粗，径达 1.5cm。茎伸长，弯曲，长 2～5m，多分枝，被柔毛或无毛，老时变木质，皮淡色。

叶具柄，叶片卵状披针形至长三角形，长 2.5～12cm，宽 2～4.5cm，顶端渐尖，基部宽楔形、截形、戟形或稀心形，通常具浅或深齿，稀全缘，有时具细裂或羽状浅裂，至少向基部具 1～3 对较小的侧裂片，两面被短柔毛至无毛；羽状脉，侧脉 7～9 对，弧状，叶脉明显；叶柄长 0.5～1（～2）cm，具柔毛或近无毛，无耳或基部有小耳；上部叶变小，披针形或线状披针形，长渐尖。头状花序有舌状花，多数，在茎枝端排列成顶生复聚伞圆锥花序；分枝和花序梗被密至疏短柔毛；花序梗长 1～2cm，具苞片，小苞片通常 1～10，线状钻形；总苞圆柱状钟形，长 5～8mm，宽 3～6mm，具外层苞片；苞片约 8，线状钻形，长 2～3mm；总苞片

12～13，线状披针形，渐尖，上端和上部边缘有缘毛状短柔毛，草质，边缘宽干膜质，背面有短柔毛或无毛，具3脉。舌状花8～10，管部长4.5mm；舌片黄色，长圆形，长9～10mm，宽2mm，钝，具3细齿，具4脉；管状花多数；花冠黄色，长7.5mm，管部长3.5mm，檐部漏斗状；裂片卵状长圆形，尖，上端有乳头状毛；花药长2.3mm，基部有钝耳；耳长约为花药颈部的1/7；附片卵状披针形；花药颈部伸长，向基部略膨大；花柱分枝长1.8mm，顶端截形，有乳头状毛。瘦果圆柱形，长3mm，被柔毛；冠毛白色，长7.5mm。

产于西藏、陕西、湖北、四川、贵州、云南、安徽、浙江、江西、福建、湖南、广东、广西、台湾等省（自治区）。常生于森林、灌丛中，攀缘于灌木、岩石上或溪边，海拔50～3200m。印度、尼泊尔、不丹、缅甸、泰国、中南半岛、菲律宾和日本也有分布。

砂蓝刺头（*Echinops gmelini*）

菊科（Compositae）蓝刺头属（*Echinops*），一年生草本，高10～90cm。根直伸，细圆锥形。茎单生，淡黄色，自中部或基部有开展的分枝或不分枝，全部茎枝被稀疏的头状具柄的长或短腺毛，有时脱毛至无毛。下部茎叶线形或线状披针形，长3～9cm，宽0.5～1.5cm，基部扩大，抱茎，边缘刺齿或三角形刺齿裂或刺状缘毛；中上部茎叶与下部茎叶同形，但渐小。全部叶质地薄，纸质，两面绿色，被稀疏蛛丝状毛及头状具柄的腺点，或上面的蛛丝毛稍多。复头状花序单生茎顶或枝端，直径

2～3cm；头状花序长1.2～1.4cm；基毛白色，不等长，长1cm，约近总苞长度之半，细毛状，边缘糙毛状，非扁毛状，上部亦不增宽；全部苞片16～20个；外层苞片线状倒披针形，上部扩大，浅褐色，上部外面被稠密的短糙毛，边缘短缘毛，缘毛细密羽毛状，顶端刺芒状长渐尖，爪部基部有长蛛丝状毛，中部有长达5mm的长缘毛，缘毛上部稍扁平扩大；中层苞片倒披针形，长1.3cm，上部外面被短糙毛，下部外面被长蛛丝状毛，自中部以上边缘短缘毛，缘毛扁毛状，边缘糙毛状或细密羽毛状，自最宽处向上渐尖成刺芒状长渐尖；内层苞片长椭圆形，比中层苞片稍短，顶端芒刺裂，但中间的芒刺裂较长，外面被较多的长蛛丝状毛。小花蓝色或白色，花冠5深裂，裂片线形，花冠管无腺点。瘦果倒圆锥形，长约

5mm，被稠密的淡黄棕色的顺向贴伏的长直毛，遮盖冠毛。冠毛量杯状，长 1mm；冠毛膜片线形，边缘稀疏糙毛状，仅基部结合。花果期 6～9 月。

分布于黑龙江、吉林、辽宁、内蒙古、新疆（准噶尔盆地及塔里木盆地）、青海（柴达木盆地）、甘肃、陕西（北部）、宁夏、山西、河北、河南（北部）。生于山坡砾石地、荒漠草原、黄土丘陵或河滩沙地，海拔 580～3120m。俄罗斯西伯利亚及蒙古国有分布。

蒙疆苓菊（*Jurinea mongolica*）

菊科（Compositae）苓菊属（*Jurinea*），多年生草本，高 8～25cm。根直伸，粗厚，直径 1.3cm。茎基粗厚，团球状或疙瘩状，被密厚的绵毛及残存的褐色的叶柄；茎坚挺，粗壮，通常自下部分枝，茎枝灰白色或淡绿色，被稠密或稀疏的蛛丝状绵毛或蛛丝状毛，或脱毛至无毛。基生叶全形长椭圆形或长椭圆状披针形，宽 1～4cm，包括叶柄长 7～10cm，叶柄长 2～4cm，柄基扩大，叶片羽状深裂、浅裂或齿裂，侧裂片 3～4 对，长椭圆形或三角状披针形，中部侧裂片较大，长 0.5～2cm，宽 0.3～0.5cm，向上向下侧裂片渐小，顶裂片较长，长披针形或长椭圆状披针形，长 2.5～3cm；全部裂片边缘全缘，反卷；茎生叶与基生叶同形或披针形或倒披针形并等样分裂或不裂，但基部无柄，然小耳状扩大。全部茎叶两面同色或几同色，绿色或灰绿色，无毛或被稀疏的蛛丝毛。头状花序单生枝端，植株有少数头状花序，并不形成明显的伞房花序式排列；总苞碗状，直径 2～2.5cm，绿色或黄绿色；总苞片 4～5 层，最外层披针形，长 4.5～5.5mm，宽 1.5～2mm；中层披针形或长圆状披针形，长 7～11mm，宽达 2mm；最内层线状长椭圆形或宽线形，长达 2.1cm；全部苞片质地坚硬，革质，直立，紧贴，外面有黄色小腺点及稀疏蛛丝毛，中外层苞片外面通常

被稠密的短糙毛。花冠红色，外面有腺点，簷部长 1.1cm，细管部长 9mm。瘦果淡黄色，倒圆锥状，长 6mm，宽 3mm，4 肋，基底着生面平，上部有稀疏的黄色小腺点，顶端截形，果缘边缘齿裂。冠毛褐色，不等长，有 2～4 根超长的冠毛刚毛，长达 1.1cm；冠毛刚毛短羽毛状，基部不连合成环，不脱落，永久固结在瘦果上。花期 5～8 月。

分布于新疆东北部（阿勒泰）、内蒙古西部、宁夏北部及陕西北部。蒙古国也有分布。分布于海拔 1040～1500m。

乳苣（*Mulgedium tataricum*）

菊科（Compositae）乳苣属（*Mulgedium*），多年生草本，高 15～60cm，俗称蒙山莴苣、紫花山莴苣、苦菜。根垂直直伸。茎直立，有细条棱或条纹，上部有圆锥状花序分枝，全部茎枝光滑无毛。中下部茎叶长椭圆形、线状长椭圆形或线形，基部渐狭成短柄，柄长 1～1.5cm 或无柄，长 6～19cm，宽 2～6cm，羽状浅裂或半裂，或边缘有多数或少数大锯齿，顶端钝或急尖，侧裂片 2～5 对，中部侧裂片较大，向两端的侧裂片渐小，全部侧裂片半椭圆形或偏斜的宽或狭三角形，边缘全缘或有稀疏的小尖头或边缘多锯齿，顶裂片披针形、长三角形，边缘全缘或边缘细锯齿或稀锯齿；向上的叶与中部茎叶同形或宽线形，但渐小；全部叶质地稍厚，两面光滑无毛。头状花序约含 20 枚小花，多数，在茎枝顶端狭或宽圆锥花序；总苞圆柱状或楔形，长 2cm，宽约 0.8mm，果期不为卵球形；总苞片 4 层，不成明显的覆瓦状排列，中外层较小，卵形至披针状椭圆形，长 3～8mm，宽 1.5～2mm；内层披针形或披针状椭圆形，长 2cm，宽 2mm；全部苞片外面光滑无毛，带紫红色，顶端渐尖或钝。舌状小花紫色或紫蓝色，管部有白色短柔毛。瘦果长圆状披针形，稍压扁，灰黑色，长 5mm，宽约 1mm，每面有 5～7 条高起的纵肋，中肋稍粗厚，顶端渐尖成长 1mm 的喙。冠毛 2 层，纤细，白色，长 1cm，微锯齿状，分散脱落。花果期 6～9 月。

分布于辽宁（彰武）、内蒙古（通辽、临河）、河北（涉县、易县、内丘、张北）、山西（中阳、灵石、离山、河曲、五台、宁武）、陕西（清涧、靖边、绥德、米脂、榆林）、甘肃（敦煌、庆阳、合水、天水、酒泉、张掖、民勤）、青海（柴达木）、新疆（都善、奇台、阿勒泰、布尔津、吉木乃、托克逊、乌恰）、河南（封丘、豫东）、西藏（札达、日土）。生于河滩、湖边、草甸、田边、固定沙丘或砾石地，海拔1200～4300m。欧洲、俄罗斯（欧洲部分、西伯利亚）、哈萨克斯坦、乌兹别克斯坦、蒙古国、伊朗、阿富汗、印度西北部广为分布。

多花亚菊（*Ajania myriantha*）

菊科（Compositae）亚菊属（*Ajania*），多年生草本或小半灌木，高25～100cm。茎枝被稀疏的短柔毛，上部和花序枝及花梗上的毛稠密。中部叶全形卵形或长圆形，长1.5～3cm，宽1～2.5cm，二回羽状分裂。一回为全裂，二回为半裂、浅裂或锯齿状；一回侧裂片2～4对；末回裂片椭圆形、披针形或斜三角形，宽1～2mm，全缘或偶有单齿；向上叶渐小，接花序下部的叶常羽裂；全部叶有长0.5～1cm的短叶柄，上面绿色，无毛，或有较多的短柔毛［*Tanacetumm yrianthum* var. *wardii* Marq. et Shaw-*Chrysanthemum myrianthum* var. *wardii*（Marq. et Shaw）Hand.-Mazz.］，下面白色或灰白色，被密厚贴伏的顺向短柔毛。头状花序多数在茎枝顶端排成复伞房花序，花序径3～5cm，或多数复伞房花序排成直径达25cm的大型复伞房花序。总苞钟状，直径2.5～3mm。总苞片4层，外层卵形，长1mm，中内层椭圆形、披针形，长2～2.5mm；全部苞片无毛，或外层或中外层被稀疏或稍多的白色短柔毛（*Chrysanthemum myrianthum* var. *sericocephatum* Hand. -Mazz.），边缘褐色膜质，顶端圆或钝；边缘雌花3～6个，细管状，顶端4～5周裂齿或2侧裂齿；中央两性花管状；全部花冠顶端有腺点。瘦果长约1mm。花果期7～10月。

产于云南北部、四川西部及西北部、甘肃东南部、青海南部及西藏东南部。生于山坡及河谷，海拔2250～3600m。

细叶亚菊（*Ajania tenuifolia*）

菊科（Compositae）亚菊属（*Ajania*），多年生草本，高9～20cm。根茎短，发出多数的地下匍茎和地上茎。匍茎上生稀疏的宽卵形浅褐色的苞鳞。茎自基部分枝，分枝弧形斜升或斜升。茎枝被短柔毛，上部及花序梗上的毛稠密。叶二回羽状分裂。全

形半圆形或三角状卵形或扇形，长宽均为 1～2cm，通常宽大于长。一回侧裂片 2～3
对。末回裂片长椭圆形或倒披针形，宽 0.5～2mm，顶端钝或圆。自中部向下或向上
叶渐小。全部叶两面同色或几同色或稍异色。上面淡绿色，被稀疏的长柔毛，或稍白
色或灰白色而被较多的毛，下面白色或灰白色，被稠密的顺向贴伏的长柔毛。叶柄长
0.4～0.8cm。头状花序少数在茎顶排成直径 2～3cm 的伞房花序。总苞钟状，直径约
4mm。总苞片 4 层，外层披针形，长 2.5mm，中内层椭圆形至倒披针形，长 3～4mm。
仅外层被稀疏的短柔毛，其余无毛。全部苞片顶端钝，边缘宽膜质。膜质内缘棕褐色，
膜质外缘无色透明。边缘雌花 7～11 个，细管状，花冠长 2mm，顶端 2～3 齿裂。两性
花冠状，长 3～4mm。全部花冠有腺点。花果期 6～10 月。

　　产于甘肃中部、四川西北部、西藏东部及青海。生于山坡草地，海拔
2000～4580m。

西藏亚菊（*Ajania tibetica*）

　　菊科（Compositae）亚菊属（*Ajania*），小半灌木，高 4～20cm。老枝黑褐
色，由不定芽中发出短或稍长的花枝和不育枝及莲座状叶丛。花枝被较密的短绢
毛。叶全形椭圆形、倒披针形，长 1～2cm，宽 0.7～1.5cm，二回羽状分裂，
一回为全裂或几全裂，一回侧裂片 2 对；二回为浅裂或深裂，二回裂片 2～4
个，通常集中在一回裂片的顶端；末回裂片长椭圆形，接花序下部的叶羽裂；
全部叶两面同色，灰白色，或上面几灰绿色，被稠密短绒毛。头状花序少数在枝
端排成直径 1～2cm 的伞房花序，少有植株带单生头状花序的；总苞钟状，直径
4～6mm；总苞片 4 层，外层三角状卵形或披针形，长 3mm，中内层椭圆形或披针
状椭圆形，长 4～5mm；全部苞片顶端钝或圆，边缘棕褐色膜质，中外层被稀疏短
绢毛；边缘雌花细管状，约 3 个，长 2.5mm，顶端 2～4 尖齿。瘦果长 2.2mm。花
果期 8～9 月。

产于西藏（措勤）和四川西南部（稻城）。生于山坡，海拔 3900～4700m。印度北部及苏联中亚地区也有分布。

乳白香青（*Anaphalis lacteal*）

菊科（Compositae）香青属（*Anaphalis*），根状茎粗壮，灌木状，多分枝，直立或斜升，上端被枯叶残片，有顶生的莲座状叶丛或花茎。茎直立，高 10～40cm，稍粗壮，不分枝，草质，被白色或灰白色棉毛，下部有较密的叶。莲座状叶披针状或匙状长圆形，长 6～13cm，宽 0.5～2cm，下部渐狭成具翅而基部鞘状的长柄；茎下部叶较莲座状常稍小，边缘平，顶端尖或急尖，有或无小尖头；中部及上部叶直立或依附于茎上，长椭圆形、线状披针形或线形，长 2～10cm，宽 0.8～1.3cm，基部稍狭，沿茎下延成狭翅，顶端渐尖，有枯焦状长尖头；全部叶被白色或灰白色密棉毛，有离基 3 出脉或 1 脉。头状花序多数，在茎和枝端密集成复伞房状，花序梗长 2～4mm；总苞钟状，长 6mm，稀 5mm 或 7mm，径 5～7mm；总苞片 4～5 层，外层卵圆形，长约 3mm，浅或深褐色，被蛛丝状毛；内层卵状长圆形，长约 6mm，宽 2～2.5mm，乳白色，顶端圆形；最内层狭长圆形，长 5mm，有长约全长 2/3 的爪部；花托有缝状短毛；雌株头状花序有多层雌花，中央有 2～3 个雄花；雄株头状花序全部有雄花；花冠长 3～4mm；冠毛较花冠稍长；雄花冠毛上部宽扁，有锯齿。瘦果圆柱形，长约 1mm，近无毛。花果期 7～9 月。

产于甘肃南部（夏河、榆中、肃南、天祝）、青海东部（大通、祁连、门源）及四川西北部（松潘）。生于亚高山、低山草地及针叶林下，海拔 2000～3400m。全草有毒。

侧茎橐吾（*Ligularia pleurocaulis*）

菊科（Compositae）橐吾属（*Ligularia*），多年生灰绿色草本。根肉质，近似纺锤形。茎直立，高 25～100cm，上部及花序被白色蛛丝状毛，下部光滑，基部直径 4～10mm，被枯叶柄纤维包围。丛生叶与茎基部叶近无柄，叶鞘常紫红色，叶片线状长圆形至宽椭圆形，长 8～30cm，宽 1～7cm，先端急尖，全缘，基部渐狭，两面光滑，叶脉平行或羽状平行；茎生叶小，椭圆形至线形，无柄，基部半抱茎或否。圆锥状总状花序或总状花序长达 20cm，常疏离；苞片披针形至线形，有时长于花序梗，长达 8cm；花序梗长达 10.5cm，一般长 0.5～3cm；头状花序多数，辐射状，常偏向花序轴的一侧；小苞片线状钻形；总苞陀螺形，基部尖，长 5～14mm，宽 5～15（～20）mm，总苞片 7～9，2 层，卵形或披针形，宽 2～7mm，先端急尖，背部光滑，内层边缘膜质；舌状花黄色，舌片宽椭圆形或卵状长圆形，长 7～14mm，宽 3～6mm，先端急尖，管部长约 2mm；管状花多数，长 5～6mm，管部长约 1mm，冠毛白色与花冠等长。瘦果倒披针形，长 3～5mm，具肋，光滑。花果期 7～11 月。

产于云南西北部、四川西南部至西北部。生于海拔 3000～4700m 的山坡、溪边、灌丛及草甸。

黄缨菊（*Xanthopappus subacaulis*）

菊科（Compositae）黄缨菊属（*Xanthopappus*），多年生无茎草本，俗称九头妖。根粗壮，直径可达 2.5cm，棕褐色。茎基极短，粗厚，被纤维状撕裂的褐色叶柄残鞘。叶莲座状，坚硬，革质，长椭圆形或线状长椭圆形，长 20～30cm，宽 5～8cm，羽状深裂，叶柄长达 10cm，基部扩大成鞘，中脉在下面突起，粗厚；侧裂片 8～11 对或奇数，中部侧裂片半长椭圆形或卵状三角形，长 2～3cm，宽 1～1.5cm，侧脉、细脉及中脉在两面明显并在边缘及顶端伸延成长或短的针刺，自中部向上或向下的侧裂片渐小，与中部侧裂片同形，边缘及顶端具等针刺。两面异色，上面绿色，无毛，下面灰白色，被密厚的蛛丝状绒毛，叶柄上的绒毛稠密或变稀疏。头状花序多数，达 20 个，密集呈团球状，花序梗粗壮，长 5～6cm，有 1～2

个线形或线状披针形的苞叶；总苞宽钟状，宽达 6cm；总苞片 8～9 层，最外层披针形，长 2～2.5cm，坚硬，革质，顶端渐尖成芒刺；中内层披针形或长披针形，坚硬，革质，长 3～3.5cm；最内层线形或宽线形，硬膜质；全部苞片外面有微糙毛，最内层苞片糙毛较稠密。小花黄色，花冠长 3.5cm，檐部不明显，顶端 5 浅裂，裂片线形。瘦果偏斜倒长卵形，长约 7mm，宽约 4mm，压扁，有不明显的脉纹，基底着生面平或稍见偏斜，顶端果缘平展，边缘全缘。冠毛多层，淡黄色或棕黄色，等长，冠毛刚毛糙毛状，向顶端渐细，基部连合成环，整体脱落。花果期 7～9 月。

分布于云南（西北部）、四川（北部与西部）、青海（西部）和甘肃（东南部）。生于草甸、草原及干燥山坡，海拔 2400～4000m。

藏蓟（*Cirsium lanatum*）

菊科（Compositae）蓟属（*Cirsium*），一年生草本，高 40～80cm。茎直立，自基部分枝，有时不分枝，全部茎枝灰白色，被稠密的蛛丝状绒毛或变稀毛。下部茎叶长椭圆形、倒披针形或倒披针状长椭圆形，长 7～12cm，宽 2.5～3cm，羽状浅裂或半裂，基部渐狭，无柄或成短柄；侧裂片 3～5 对，中部侧裂片稍大，向上或向下的侧裂片渐小，全部侧裂片半圆形、宽卵形或半椭圆形，边缘（2～）3～5 个长硬针刺或刺齿，齿顶有长硬针刺，齿缘有缘毛状针刺，长硬针刺长 3.5～10mm，齿缘缘毛状针

刺长不足 2mm，顶裂片宽卵形、宽披针形或半圆形，顶端有长硬针刺，边缘有缘毛状针刺，长硬针刺及缘毛状针刺与侧裂片的等长；或下部茎叶羽裂不明显，但叶缘针刺常 3～5 个成束或成组；向上的叶渐小，与下部茎叶同形并具等样的针刺和缘毛状针刺。全部叶质地较厚，两面异色，上面绿色，无毛，下面灰白色，被密厚的绒毛，或两面灰白色，被绒毛，但下面的更为稠密或密厚。头状花序多数在茎枝顶端排成伞房花序或少数作总状花序式排列。总苞卵形或卵状长圆形，直径 1.5～2cm，无毛。总苞片约 7 层，覆瓦状排列，向内层渐长，外层三角形，宽达 2mm，包括顶端针刺长 6mm，顶端急尖呈 2.5mm 的针刺；中层椭圆形，包括顶端针刺长 7～9mm，顶端急尖呈 3～4mm 的针刺；内层

及最内层披针形至线形，长 1.2～1.9cm，宽 1～3mm，顶端膜质渐尖。小花紫红色，雌花花冠长 1.8cm，檐部长 4mm，细管部为细丝状，长 1.4cm；两性小花花冠长 1.5cm，细管部为细丝状，长 9mm，檐部长 6mm。全部小花檐部 5 裂几达基部。瘦果楔状，长 4mm，宽 1mm，顶端截形。冠毛污白色至浅褐色，多层，基部连合成环，整体脱落；冠毛刚毛长羽毛状，长 2.5cm，向顶端渐细。花果期 6～9 月。

分布于西藏（拉萨、南大林、扎达、江孜、日土）、青海、甘肃（金塔、永靖、安西）及新疆（乌鲁木齐、塔城、石河子、沙湾）。生于山坡草地、潮湿地、湖滨地或村旁及路旁，海拔 500～4300m。

本种有许多地方性的居群变化。

葵花大蓟（*Cirsium souliei*）

菊科（Compositae）蓟属（*Cirsium*），多年生铺散草本。主根粗壮，直伸，生多数须根。茎基粗厚，无主茎，顶生多数或少数头状花序，外围以多数密集排列的莲座状叶丛。全部叶基生，莲座状，长椭圆形、椭圆状披针形或倒披针形，羽状浅裂、半裂、深裂至几全裂，长 8～21cm，宽 2～6cm，有长 1.5～4cm 的叶柄，两面同色，绿色，下面色淡，沿脉有多细胞长节毛；侧裂片 7～11 对，中部侧裂片较大，向上向下的侧裂片渐小，有时基部侧裂片为针刺状，除基部侧裂片为针刺状的以外，全部侧裂片卵状披针形、偏斜卵状披针形、半椭圆形或宽三角形，边缘有针刺或大小不等的三角形刺齿而齿顶有针刺一，全部针刺长 2～5mm。花序梗上的叶小，苞叶状，边缘针刺或浅刺齿裂。头状花序多数或少数集生于茎基顶端的莲座状叶丛中，花序梗极短（长 5～8mm）或几无花序梗。总苞宽钟状，无毛。总苞片 3～5 层，镊合状排列，或至少不呈明显的覆瓦状排列，近等长，中外层长三角状披针形或钻状披针形，包括顶端针刺长 1.8～2.3cm，不包括边缘针刺宽 1～2mm；内层及最内层披针形，长达 2.5cm，顶端渐尖成长达 5mm 的针刺或膜质渐尖而无针刺，全部苞片边缘有针刺，针刺斜升或贴伏，长 2～3mm，或最内层边缘有刺痕而不形成明显的针刺。小花紫红色，花冠长 2.1cm，

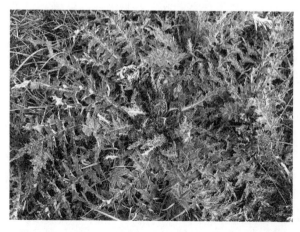

檐部长 8mm，不等 5 浅裂，细管部长 1.3cm。瘦果浅黑色，长椭圆状倒圆锥形，稍压扁，长 5mm，宽 2mm，顶端截形。冠毛白色、污白色或稍带浅褐色；冠毛刚毛多层，基部连合成环，整体脱落，向顶端渐细，长羽毛状，长达 2cm。花果期 7～9 月。

分布于甘肃、青海、四川、西藏。生于山坡路旁、林缘、荒地、河滩地、田间、水旁潮湿地，海拔

1930～4800m。

长毛风毛菊（*Saussurea hieracioides*）

菊科（Compositae）风毛菊属（*Saussurea*），多年生草本，高 5～35cm。根状茎密被干膜质褐色残叶柄。茎直立，密被白色长柔毛。基生叶莲座状，基部渐狭成具翼的短叶柄，叶片椭圆形或长椭圆状倒披针形，长 4.5～15cm，宽 2～3cm，顶端急尖或钝，边缘全缘或有不明显的稀疏的浅齿；茎生叶与基生叶同形或线状披针形或线形，无柄，全部叶质地薄，两面褐色或黄绿色，两面及边缘被稀疏的长柔毛。头状花序单生茎顶。总苞宽钟状，直径 2～3.5cm；总苞片 4～5 层，全部或边缘黑紫色，顶端长渐尖，密被长柔毛，外层卵状披针形，长 1cm，宽 3mm，中层披针形，长 1.3cm，宽 2.5mm，内层狭披针形或线形，长 2.5cm，宽 2mm。小花紫色，长 1.8cm，细管部长 1cm，檐部长 8mm。瘦果圆柱状，褐色，无毛，长 2.5mm；冠毛淡褐色，2 层，外层短，糙毛状，长 2～3mm，内层长，羽毛状，长 1.4cm。花果期 6～8 月。

分布于甘肃、青海（互助、湟中、青海湖附近）、湖北、四川（甘孜—德格、阿坝）、云南（中甸、德钦）、西藏（察隅、错那、申扎）。生于高山碎石土坡、高山草坡，海拔 4450～5200m。尼泊尔地区有分布。全草有毒。

硬叶风毛菊（*Saussurea ciliaris*）

菊科（Compositae）风毛菊属（*Saussurea*），多年生无茎莲座状草本。根状茎斜升或垂直直伸，被稠密的深褐色叶残迹，生多数或少数黑褐色的等粗的细根。叶莲座状，线状长椭圆形，长 4.5～8cm，宽 0.3～0.8cm，顶端急尖，边缘全缘，中脉在两面明显，两面同色，绿色，无毛，坚硬，革质，有光泽，基部狭楔状渐狭，几无柄。头状花序 1 个，单生于莲座状叶丛中，无小花梗。总苞钟状，直径 2～2.5cm；总苞片 4 层，覆瓦状排列，外层与中层椭圆形，或长椭圆形，长 1.5cm，宽 5～6mm，顶端渐尖或急尖，内层线形，长 1.8cm，宽 2.5mm，顶端急尖，全部总苞片外面无毛，顶端紫色。小花蓝紫色或黑紫色，长 2cm，细管部长 1.2cm，檐部长 8mm。瘦果褐色，长 4mm，有白色或浅黄色的细脉纹，弯曲或 3 棱状，无毛。冠毛 2 层，浅褐色，外层短，糙毛状，内层长，羽毛状，长 1.3cm。花果期 8～9 月。

分布于四川（康定）、云南（丽江、中甸、大理、洱源）。生于草坡、灌丛、阴湿处、山地开阔处，海拔 3950～4400m。全草有毒。

圆齿狗娃花（*Heteropappus crenatifolius*）

菊科（Compositae）狗娃花属（*Heteropappus*），一年生或二年生草本，有直根。茎高 10～60cm，直立，单生，上部或从下部起有分枝，多少密生开展的长毛，上部常有腺，全部有疏生的叶。基部叶在花期枯萎，莲座状；下部叶倒披针形、矩圆形或匙形，长 2～10cm，宽 0.5～1.6cm，渐尖成细或有翅的长柄，全缘或有圆齿或密齿，顶端钝或近圆形；中部叶较小，基部稍狭或近圆形，常全缘，无柄；上部叶小，常条形；全部叶两面被伏粗毛，且常有腺，中脉在下面凸起且有时被较长的毛。头状花序径 2～2.5cm；总苞半球形，径 1～1.5cm；总苞片 2～3 层，近等长，条形或条状披针形，长 5～8mm，宽 0.6～1.5mm，外层草质，渐尖，深绿色或带紫色，被密腺及细毛，内层边缘膜质。舌状花 35～40 个，管部长 1.2～1.8mm；舌片蓝紫色或红白色，长 8～12mm，宽 1.6～2.4mm；管状花长 4.2mm，管部长 1.4～1.6mm；裂片不等长，长 0.8～1.2mm，有短微毛；冠毛黄色或近褐色，较管状花花冠稍短或近等长，有不等长的微糙毛；舌状花冠毛常较少，或极短，或不存在。瘦果倒卵形，长 2～2.8mm，稍扁，淡褐色，有黑色条纹，上部有腺，全部被疏绢毛。花、果期 5～10 月。

产于甘肃南部（榆中、西固、文县、岷县、洮县、夏河）、青海（西宁、海源）、四川西部（大金、小金、曾达、马尔康、理县、康定、崇化、甘孜、汶川、太宁、九龙、稻城）、云南西北部（丽江、中甸、德钦）、西藏东部及南部（林芝、烟多、拉萨、波密、宁静）。生于开旷山坡、田野、路旁，海拔 1900～3900m。也分布于尼泊尔。

芝麻菜（*Eruca sativa*）

十字花科（Cruciferae）芝麻菜属（*Eruca*），长角果有白色反曲的绵毛或乳突状腺毛，俗称香油罐、臭菜、臭芥、芸芥、臭萝卜、金堂葶苈。产于河北、山西、陕西、甘肃、新疆、四川。栽培或常逸为野生。生在海拔1050～2000m的山坡。中亚、地中海地区、非洲北部、墨西哥均有分布。

海乳草（*Glaux maritima*）

报春花科（Primulaceae）海乳草属（*Glaux*），俗称西尚（青海藏族土名译音）。茎高3～25cm，直立或下部匍匐，节间短，通常有分枝。叶近于无柄，交互对生或有时互生，间距极短，仅1mm，或有时稍疏离，相距可达1cm，近茎基部的3～4对鳞片状，膜质，上部叶肉质，线形、线状长圆形或近匙形，长4～15mm，宽1.5～3.5（～5）mm，先端钝或稍锐尖，基部楔形，全缘。花单生于茎中上部叶腋；花梗长可达1.5mm，有时极短，不明显；花萼钟形，白色或粉红色，花冠状，长约4mm，分裂达中部，裂片倒卵状长圆形，宽1.5～2mm，先端圆形；雄蕊5，稍短于花萼；子房卵珠形，上半部密被小腺点，花柱与雄蕊等长或稍短。蒴果卵状球形，长2.5～3mm，先端稍尖，略呈喙状。花期6月，果期7～8月。

产于黑龙江、辽宁、内蒙古、河北、山东、陕西、甘肃、新疆、青海、四川（西部）、西藏等省（自治区）。生于海边及内陆河漫滩盐碱地和沼泽草甸中。日本、苏联地区以及欧洲、北美洲均有分布。

天仙子（*Hyoscyamus niger*）

茄科（Solanaceae）天仙子属（*Hyoscyamus*），二年生草本，高达 1m，全体被黏性腺毛，俗称莨菪、牙痛子、牙痛草、黑莨菪、马铃草、苯格哈兰特、克来名多那、米罐子。根较粗壮，肉质而后变纤维质，直径 2～3cm。一年生的茎极短，自根茎发出莲座状叶丛，卵状披针形或长矩圆形，长可达 30cm，宽达 10cm，顶端锐尖，边缘有粗牙齿或羽状浅裂，主脉扁宽，侧脉 5～6 条直达裂片顶端，有宽而扁平的翼状叶柄，基部半抱根茎；第二年春茎伸长而分枝，下部渐木质化，茎生叶卵形或三角状卵形，顶端钝或渐尖，无叶柄而基部半抱茎或宽楔形，边缘羽状浅裂或深裂，向茎顶端的叶呈浅波状，裂片多为三角形，顶端钝或锐尖，两面除生黏性腺毛外，沿叶脉并生有柔毛，长 4～10cm，宽 2～6cm。花在茎中部以下单生于叶腋，在茎上端则单生于苞状叶腋内而聚集成蝎尾式总状花序，通常偏向一侧，近无梗或仅有极短的花梗。花萼筒状钟形，生细腺毛和长柔毛，长 1～1.5cm，5 浅裂，裂片大小稍不等，花后增大呈坛状，基部圆形，长 2～2.5cm，直径 1～1.5cm，有 10 条纵肋，裂片开张，顶端针刺状；花冠钟状，长约为花萼的 1 倍，黄色而脉纹紫堇色；雄蕊稍伸出花冠；子房直径约 3mm。蒴果包藏于宿存萼内，长卵圆状，长约 1.5cm，直径约 1.2cm。种子近圆盘形，直径约 1mm，淡黄棕色。夏季开花、结果。

分布于我国华北、西北及西南，华东有栽培或逸为野生；蒙古国、苏联地区、印度以及欧洲亦有分布。常生于山坡、路旁、住宅区及河岸沙地。全草有毒。

骆驼蒿（*Peganum nigellastrum*）

蒺藜科（Zygophyllaceae）骆驼蓬属（*Peganum*），多年生草本，高 10～25cm，密被短硬毛。茎直立或开展，由基部多分枝。叶 2～3 回深裂，裂片条形，长 0.7～10mm，宽不到 1mm，先端渐尖。花单生于茎端或叶腋，花梗被硬毛；萼片 5，披针形，长达 1.5cm，5~7 条状深裂，裂片长约 1cm，宽约 1mm，宿存；花瓣淡黄色，倒披针形，长 1.2~1.5cm；雄蕊 15，花丝基部扩展；子房 3 室。蒴果近球形，黄褐色。种子多数，纺锤形，黑褐色，表面有瘤状突起。花期 5~7 月，果期 7~9 月。$2n=24$。

分布于内蒙古（锡林郭勒盟、乌兰查布盟、鄂尔多斯市、巴彦淖尔盟、阿拉善盟）、陕西北部、甘肃、宁夏。生于沙质或砾质地、山前平原、丘间低地、固定或半固定沙地。蒙古国也有分布。全草有毒。

多裂骆驼蓬（*Peganum multisectum*）

蒺藜科（Zygophyllaceae）骆驼蓬属（*Peganum*），多年生草本，嫩时被毛，俗称匐根骆驼蓬。茎平卧，长 30~80cm。叶二至三回深裂，基部裂片与叶轴近垂直，裂片长 6~12mm，宽 1~1.5mm。萼片 3~5 深裂。花瓣淡黄色，倒卵状矩圆形，长

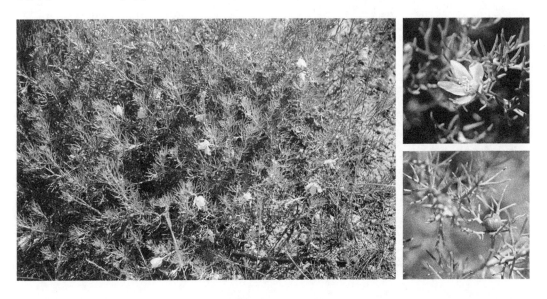

10～15mm，宽5～6mm；雄蕊15，短于花瓣，基部宽展。蒴果近球形，顶部稍平扁。种子多数，略呈三角形，长2～3mm，稍弯，黑褐色，表面有小瘤状突起。花期5～7月，果期6～9月。

　　分布于陕西北部、内蒙古西部、宁夏、甘肃、青海。为我国特有种。生于半荒漠带沙地、黄土山坡、荒地。全草有毒。

白刺（*Nitraria tangutorum*）

　　蒺藜科（Zygophyllaceae）白刺属（*Nitraria*），灌木，高1～2m。多分枝，弯、平卧或开展；不孕枝先端刺针状；嫩枝白色。叶在嫩枝上2～3（～4）片簇生，宽倒披针形，长18～30mm，宽6～8mm，先端圆钝，基部渐窄呈楔形，全缘，稀先端齿裂。花排列较密集。核果卵形，有时椭圆形，熟时深红色，果汁玫瑰色，长8～12mm，直径6～9mm。果核狭卵形，长5～6mm，先端短渐尖。花期5～6月，果期7～8月。

　　分布于陕西北部、内蒙古西部、宁夏、甘肃河西、青海、新疆及西藏东北部。生于荒漠和半荒漠的湖盆沙地、河流阶地、山前平原积沙地、有风积沙的黏土地。

甘遂（*Euphorbia kansui*）

　　大戟科（Euphorbiaceae）大戟属（*Euphorbia*）多年生草本。根圆柱状，长20～40cm，末端呈念珠状膨大，直径可达6～9mm。茎自基部多分枝或仅有1～2分枝，每个分枝顶端分枝或不分枝，高20～29cm，直径3～5mm。叶互生，线状披针形、线形或线状椭圆形，变化较大，长2～7cm，宽4～5mm，先端钝或具短尖头，基部渐狭，全缘；侧脉羽状，不明显或略可见；总苞叶3～6枚，倒卵状椭圆

形，长 1～2.5cm，宽 4～6mm，先端钝或尖，基部渐狭；苞叶 2 枚，三角状卵形，长 4～6mm，宽 4～5mm，先端圆，基部近平截或略呈宽楔形。花序单生于二歧分枝顶端，基部具短柄；总苞杯状，高与直径均约 3mm；边缘 4 裂，裂片半圆形，边缘及内侧具白色柔毛；腺体 4，新月形，两角不明显，暗黄色至浅褐色。雄花多数，明显伸出总苞外；雌花 1 枚，子房柄长 3～6mm；子房光滑无毛，花柱 3，2/3 以下合生；柱头 2 裂，不明显。蒴果三棱状球形，长与直径均 3.5～4.5mm；花柱宿存，易脱落，成熟时分裂为 3 个分果爿。种子长球状，长约 2.5mm，直径约 2mm，灰褐色至浅褐色；种阜盾状，无柄。花期 4～6 月，果期 6～8 月。

　　产于河南、山西、陕西、甘肃和宁夏。生于荒坡、沙地、田边、低山坡、路旁等。全草有毒，根可入药。

地锦（*Euphorbia humifusa*）

　　大戟科（Euphorbiaceae）大戟属（*Euphorbia*），一年生草本，俗称地锦草、铺地锦。根纤细，长 10～18cm，直径 2～3mm，常不分枝。茎匍匐，自基部以上多分枝，偶尔先端斜向上伸展，基部常呈红色或淡红色，长达 20（～30）cm，直径 1～3mm，被柔毛或疏柔毛。叶对生，矩圆形或椭圆形，长 5～10mm，宽 3～6mm，先端钝圆，基部偏斜，略渐狭，边缘常于中部以上具细锯齿；叶面绿色，叶背淡绿色，有时淡红色，两面被疏柔毛；叶柄极短，长 1～2mm。花序单生于叶腋，基部具 1～3mm 的短柄；总苞陀螺状，高与直径各约 1mm，边缘 4 裂，裂片三角形；腺体

4，矩圆形，边缘具白色或淡红色附属物。雄花数枚，近与总苞边缘等长；雌花 1 枚，子房柄伸出至总苞边缘；子房三棱状卵形，光滑无毛；花柱 3，分离；柱头 2 裂。蒴果三棱状卵球形，长约 2mm，直径约 2.2mm，成熟时分裂为 3 个分果爿，花柱宿存。种子三棱状卵球形，长约 1.3mm，直径约 0.9mm，灰色，每个棱面无横沟，无种阜。花果期 5～10 月。

　　除海南外，分布于全国。生于原野荒地、路旁、田间、沙丘、海滩、山坡等地，较常见，特别是长江以北地区。广布于欧亚大陆温带。

狼毒（*Euphorbia fischeriana*）

　　大戟科（Euphorbiaceae）大戟属（*Euphorbia*），多年生草本，除生殖器官外无毛。根圆柱状，肉质，常分枝，长 20～30cm，直径 4～6cm。茎单一不分

枝，高 15～45cm，直径 5～7mm。叶互生，于茎下部鳞片状，呈卵状长圆形，长 1～2cm，宽 4～6mm，向上渐大，逐渐过渡到正常茎生叶；茎生叶长圆形，长 4～6.5cm，宽 1～2cm，先端圆或尖，基部近平截，侧脉羽状不明显；无叶柄；总苞叶同茎生叶，常 5 枚；伞幅 5，长 4～6cm；次级总苞叶常 3 枚，卵形，长约 4cm，宽约 2cm；苞叶 2 枚，三角状卵形，长与宽均约 2cm，先端尖，基部近平截。花序单生二歧分枝的顶端，无柄；总苞钟状，具白色柔毛，高约 4mm，直径 4～5mm，边缘 4 裂，裂片圆形，具白色柔毛；腺体 4，半圆形，淡褐色。雄花多枚，伸出总苞之外；雌花 1 枚，子房柄长 3～5mm；子房密被白色长柔毛；花柱 3，中部以下合生；柱头不分裂，中部微凹。蒴果卵球状，长约 6mm，直径 6～7mm，被白色长柔毛；果柄长达 5mm；花柱宿存；成熟时分裂为 3 个分果爿。种子扁球状，长与直径均约 4mm，灰褐色，腹面条纹不清；种阜无柄。花、果期 5～7 月。

生于草原、干燥丘陵坡地、多石砾干山坡及阳坡稀疏的松林下。全草有毒。

蒙古扁桃（*Amygdalus mongolica*）

蔷薇科（Rosaceae）桃属（*Amygdalus*），灌木，高 1～2m。枝条开展，多分枝，

小枝顶端转变成枝刺；嫩枝红褐色，被短柔毛，老时灰褐色；短枝上叶多簇生，长枝上叶常互生。叶片宽椭圆形、近圆形或倒卵形，长 8～15mm，宽 6～10mm，先端圆钝，有时具小尖头，基部楔形，两面无毛，叶边有浅钝锯齿，侧脉约 4 对，下面中脉明显突起；叶柄长 2～5mm，无毛。花单生，稀数朵簇生于短枝上；花梗极短；萼筒钟形，长 3～4mm，无毛；萼片长圆形，与萼筒近等长，顶端有小尖头，无毛；花瓣倒卵形，长 5～7mm，粉红色；雄蕊多数，长短不一致；子房被

短柔毛；花柱细长，几与雄蕊等长，具短柔毛。果实宽卵球形，长12～15mm，宽约10mm，顶端具急尖头，外面密被柔毛。果梗短；果肉薄，成熟时开裂，离核；核卵形，长8～13mm，顶端具小尖头，基部两侧不对称，腹缝压扁，背缝不压扁，表面光滑，具浅沟纹，无孔穴。种仁扁宽卵形，浅棕褐色。花期5月，果期8月。

产于内蒙古、甘肃、宁夏。生于荒漠区和荒漠草原区的低山丘陵坡麓、石质坡地及干河床，海拔1000～2400m。蒙古国也有分布。

幼嫩枝叶有毒，含氰苷，牲畜春季采食后可引起氢氰酸中毒。

湿生扁蕾（*Gentianopsis paludosa*）

龙胆科（Gentianaceae）扁蕾属（*Gentianopsis*），一年生草本，高3.5～40cm。茎单生，直立或斜升，近圆形，在基部分枝或不分枝。基生叶3～5对，匙形，长0.4～3cm，宽2～9mm，先端圆形，边缘具乳突，微粗糙，基部狭缩成柄，叶脉1～3条，不甚明显，叶柄扁平，长达6mm；茎生叶1～4对，无柄，矩圆形或椭圆状披针形，长0.5～5.5cm，宽2～14mm，先端钝，边缘具乳突，微粗糙，基部钝，离生。花单生茎及分枝顶端；花梗直立，长1.5～20cm，果期略伸长；花萼筒形，长为花冠之半，长1～3.5cm，裂片近等长，外对狭三角形，长5～12mm，内对卵形，长4～10mm，全部裂片先端急尖，有白色膜质边缘，背面中脉明显，并向萼筒下延成翅；花冠蓝色，或下部黄白色，上部蓝色，宽筒形，长1.6～6.5cm，裂片宽矩圆形，长1.2～1.7cm，先端圆形，有微齿，下部两侧边缘有细条裂齿；腺体近球形，下垂；花丝线形，长1～1.5cm，花药黄色，矩圆形，长2～3mm；子房具柄，线状椭圆形，长2～3.5cm，花柱长3～4mm。蒴果具长柄，椭圆形，与花冠等长或超出。种子黑褐色，矩圆形至近圆形，直径0.8～1mm。花、果期7～10月。

产于西藏、云南、四川、青海、甘肃、陕西、宁夏、内蒙古、山西、河北。生于河滩、山坡草地、林下，海拔1180～4900m。

刺芒龙胆（*Gentiana aristata*）

龙胆科（Gentianaceae）龙胆属（*Gentiana*），一年生草本，高3～10cm，俗称尖叶龙胆。茎黄绿色，光滑，在基部多分枝，枝铺散，斜上升。基生叶大，在花期枯萎，宿存，卵形或卵状椭圆形，长7～9mm，宽3～4.5mm，先端钝或急尖，具小尖头，边缘软骨质，狭窄，具细乳突或光滑，两面光滑，中脉软骨质，在下面突起，叶柄膜质，光滑，连合成长 0.5mm 的筒；茎生叶对折，疏离，短于或等于节间，线状披针形，长 5～10mm，宽 1.5～2mm，越向茎上部叶越长，先端渐尖，具小尖头，边缘膜质，光滑，两面光滑，中脉在下面呈脊状突起，叶柄膜质，光滑，连合成长 1～2.5mm 的筒。花多数，单生于小枝顶端；花梗黄绿色，光滑，长 5～20mm，裸露；花萼漏斗形，长 7～10mm，光滑，裂片线状披针形，长 3～4mm，先端渐尖，具小尖头，边缘膜质，狭窄，光滑，中脉绿色，草质，在背面呈脊状突起，并向萼筒下延，弯缺宽，截形或圆形；花冠下部黄绿色，上部蓝色、深蓝色或紫红色，喉部具蓝灰色宽条纹，倒锥形，长 12～15mm，裂片卵形或卵状椭圆形，长 3～4mm，先端钝，褶宽矩圆形，长 1.5～2mm，先端截形，不整齐短条裂状；雄蕊着生于冠筒中部，整齐，花丝丝状钻形，长 3～4mm，先端弯垂，花药弯拱，矩圆形至肾形，长 0.7～1mm；子房椭圆形，长 2～3mm，两端渐狭，柄粗，长 1.5～2mm，花柱线形，连柱头长 1.5～2mm，柱头狭矩圆形。蒴果外露，稀内藏，矩圆形或倒卵状矩圆形，长 5～6mm，先端钝圆，有宽翅，两侧边缘有狭翅，基部渐狭成柄，柄粗壮，长至 20mm。种子黄褐色，矩圆形或椭圆形，长 1～1.2mm，表面具致密的细网纹。花、果期 6～9 月。

产于西藏东部、云南西北部（据记载）、四川北部、青海、甘肃。生于河滩草地、河滩灌丛下、沼泽草地、草滩、高山草甸、灌丛草甸、草甸草原、林间草丛、阳坡砾石地、山谷及山顶，海拔 1800～4600m。全草有小毒。

蓝白龙胆（*Gentiana leucomelaena*）

龙胆科（Gentianaceae）龙胆属（*Gentiana*），一年生草本，高 1.5～5cm。茎黄绿色，光滑，在基部多分枝，枝铺散，斜升。基生叶稍大，卵圆形或卵状椭圆形，长 5～8mm，宽 2～3mm，先端钝圆，边缘有不明显的膜质，平滑，两面光滑，叶脉不明显，或具 1～3 条细脉，叶柄宽，光滑，长 1～2mm；茎生叶小，疏离，短于或长于节间，椭圆形至椭圆状披针形，稀下部叶为卵形或匙形，长 3～9mm，宽 0.7～2mm，先端钝圆至钝，边缘光滑，膜质，狭窄或不明显，叶柄光滑，连合成长 1.5～3mm 的筒，越向茎上部筒越长。花数朵，单生于小枝顶端；花梗黄绿色，光滑，长 4～40mm，藏于最上部一对叶中或裸露，花萼钟形，长 4～5mm，裂片三角形，长 1.5～2mm，先端钝，边缘膜质，狭窄，光滑，中脉细，明显或否，弯缺狭窄，截形；花冠白色或淡蓝色，稀蓝色，外面具蓝灰色宽条纹，喉部具蓝色斑点，钟形，长 8～13mm，裂片卵形，长 2.5～3mm，先端钝，褶矩圆形，长 1.2～1.5mm，先端截形，具不整齐条裂；雄蕊着生于冠筒下部，整齐，花丝丝状锥形，长 2.5～3.5mm，花药矩圆形，长 0.7～1mm；子房椭圆形，长 3～3.5mm，先端钝，基部渐狭，柄长 1.5～2mm，花柱短而粗，圆柱形，长 0.5～0.7mm，柱头 2 裂，裂片矩圆形。蒴果外露或仅先端外露，倒卵圆形，长 3.5～5mm，先端圆形，具宽翅，两侧边缘具狭翅，基部渐狭，柄长至 19mm。种子褐色，宽椭圆形或椭圆形，长 0.6～0.8mm，表面具光亮的念珠状网纹。花果期 5～10 月。

产于西藏、四川、青海、甘肃、新疆。生于沼泽化草甸、沼泽地、湿草地、河滩草地、山坡草地、山坡灌丛中及高山草甸，海拔 1940～5000m。全草有小毒。

蓝玉簪龙胆（*Gentiana veitchiorum*）

龙胆科（Gentianaceae）龙胆属（*Gentiana*），多年生草本，高 5～10cm。根略肉质，须状。花枝多数丛生，铺散，斜升，黄绿色，具乳突。叶先端急尖，边缘粗糙，叶脉在两面均不明显或仅中脉在下面明显，叶柄背面具乳突；莲座丛叶发达，线状披针形，长 30～55mm，宽 2～5mm；茎生叶多对，越向茎上部叶越密、越长，下部叶卵形，长 2.5～7mm，宽 2～4mm，中部叶狭椭圆形或椭圆状披针形，长 7～13mm，宽 3～4.5mm；上部叶宽线形或线状披针形，长 10～15mm，宽 2～4mm。花单生枝顶，下

部包围于上部叶丛中；无花梗；花萼长为花冠的 1/3～1/2，萼筒常带紫红色，筒形，长 1.2～1.4cm，裂片与上部叶同形，长 6～11mm，宽 2～3.5mm，弯缺截形；花冠上部深蓝色，下部黄绿色，具深蓝色条纹和斑点，稀淡黄色至白色，狭漏斗形或漏斗形，长 4～6cm，裂片卵状三角形，长

4～7mm，先端急尖，全缘，褶整齐，宽卵形，长 2.5～3.5mm，先端钝，全缘或截形，边缘啮蚀形；雄蕊着生于冠筒中下部，整齐，花丝钻形，长 9～13mm，基部连合成短筒包围子房，花药狭矩圆形，长 3～3.5mm；子房线状椭圆形，长 10～12mm，两端渐狭，柄长 15～20mm，花柱线形，连柱头长 5～6mm，柱头 2 裂，裂片线形。蒴果内藏，椭圆形或卵状椭圆形，长 1.5～1.7cm，先端渐狭，基部钝，柄细，长至 3cm。种子黄褐色，有光泽，矩圆形，长 1～1.3mm，表面具蜂窝状网隙。花果期 6～10 月。

产于西藏、云南西北部、四川、青海及甘肃。生于山坡草地、河滩、高山草甸、灌丛及林下，海拔 2500～4800m。尼泊尔也有分布。全草有小毒。

黑边假龙胆（*Gentianella azurea*）

龙胆科（Gentianaceae）假龙胆属（*Gentianella*），一年生草本，高 2～25cm。茎直立，常紫红色，有条棱，从基部或下部起分枝，枝开展。基生叶早落；茎生叶无柄，矩圆形、椭圆形或矩圆状披针形，长 3～22mm，宽 1.5～7mm，先端钝，边缘微粗糙，基部稍合生，仅中脉在下面较明显。聚伞花序顶生和腋生，稀单花顶生；花梗常紫红色，不等长，长至 4.5cm；花 5 数，直径 4.5～5.5mm；花萼绿色，长为花冠之半，长 4～9mm，深裂，萼筒短，长仅 1.5～2mm，裂片卵状矩圆形、椭圆形或线状披针形，宽 1～2mm，先端钝或急尖，边缘及背面中脉明显黑色，裂片间弯缺狭而长；花冠蓝色或淡蓝色，漏斗形，长 5～14mm，近中裂，裂片矩圆形，长 2～6mm，先端钝，冠筒基部具 10 小腺体；雄蕊着生于冠筒中部，花丝线形，有时蓝色，长 2～4.5mm，花药蓝色，矩圆形或宽矩圆形，长 0.4～1mm；子房无柄，披针形，长 4.5～10mm，先端渐尖，与花柱界限不明显，柱头小。蒴果无柄，先端稍外露。种子褐色，矩圆形，长 1～1.2mm，表面具极细网纹。花、果期 7～9 月。

产于西藏、云南西北部、四川西北部、青海、甘肃、新疆。生于山坡草地、林下、灌丛中、高山草甸，海拔 2280～4850m。不丹东北部、蒙古国、苏联地区也有分布。全草有小毒。

四数獐牙菜（*Swertia tetraptera*）

龙胆科（Gentianaceae）獐牙菜属（*Swertia*），一年生草本，高5～30cm，俗称藏茵陈。主根粗，黄褐色。茎直立，四棱形，棱上有宽约1mm的翅，下部直径2～3.5mm，从基部起分枝，枝四棱形；基部分枝较多，长短不等，长2～20cm，纤细，铺散或斜升；中上部分枝近等长，直立。基生叶（在花期枯萎）与茎下部叶具长柄，叶片矩圆形或椭圆形，长0.9～3cm，宽（0.8～）1～1.8cm，先端钝，基部渐狭成柄，叶质薄，叶脉3条，在下面明显，叶柄长1～5cm；茎中上部叶无柄，卵状披针形，长1.5～4cm，宽达1.5cm，先端急尖，基部近圆形，半抱茎，叶脉3～5条，在下面较明显；分枝的叶较小，矩圆形或卵形，长不逾2cm，宽在1cm以下。圆锥状复聚伞花序或聚伞花序多花，稀单花顶生；花梗细长，长0.5～6cm；花4数，大小相差甚远，主茎上部的花比主茎基部和基部分枝上的花大2～3倍，呈明显的大小两种类型；大花的花萼绿色，叶状，裂片披针形或卵状披针形，花时平展，长6～8mm，先端急尖，基部稍狭缩，背面具3脉；花冠黄绿色，有时带蓝紫色，开展，异花授粉，裂片卵形，长9～12mm，宽约5mm，先端钝，啮蚀状，下部具2个腺窝，腺窝长圆形，邻近，沟状，仅内侧边缘具短裂片状流苏；花丝扁平，基部略扩大，长3～3.5mm，花药黄色，矩圆形，长约1mm；子房披针形，长4～5mm，花柱明显，柱头裂片半圆形；蒴果卵状矩圆形，长10～14mm，先端钝；种子矩圆形，长约1.2mm，表面平滑；小花的花萼裂片宽卵形，长1.5～4mm，先端钝，具小尖头；花冠黄绿色，常闭合，闭花授粉，裂片卵形，长2.5～5mm，先端钝圆，啮蚀状，腺窝常不明显。蒴果宽卵形或近圆形，长

4～5mm，先端圆形，有时略凹陷。种子较小。花果期7～9月。

产于西藏、四川、青海、甘肃。生于潮湿山坡、河滩、灌丛中、疏林下，海拔2000～4000m。

卵萼花锚（原变种）（*Halenia elliptica* D. Don var. *elliptica*）

龙胆科（Gentianaceae）花锚属（*Halenia*），一年生草本，高15～60cm。根具分枝，黄褐色。茎直立，无毛、四棱形，上部具分枝。基生叶椭圆形，有时略呈圆形，长2～3cm，宽5～15mm，先端圆形或急尖呈钝头，基部渐狭呈宽楔形，全缘，具宽扁的柄，柄长1～1.5cm，叶脉3条；茎生叶卵形、椭圆形、长椭圆形或卵状披针形，长1.5～7cm，宽0.5～2（～3.5）cm，先端圆钝或急尖，基部圆形或宽楔形，全缘，叶脉5条，无柄或茎下部叶具极短而宽扁的柄，抱茎。聚伞花序腋生和顶生；花梗长

短不相等，长 0.5～3.5cm；花 4 数，直径 1～1.5cm；花萼裂片椭圆形或卵形，长（3～）4～6mm，宽 2～3mm，先端通常渐尖，常具小尖头，具 3 脉；花冠蓝色或紫色，花冠筒长约 2mm，裂片卵圆形或椭圆形，长约 6mm，宽 4～5mm，先端具小尖头，距长 5～6mm，向外水平开展；雄蕊内藏，花丝长 3～5mm，花药卵圆形，长约 1mm；子房卵形，长约 5mm，花柱极短，长约 1mm，柱头 2 裂。蒴果宽卵形，长约 10mm，直径 3～4mm，上部渐狭，淡褐色。种子褐色，椭圆形或近圆形，长约 2mm，宽约 1mm。花果期 7～9 月。

产于西藏、云南、四川、贵州、青海、新疆、陕西、甘肃、山西、内蒙古、辽宁、湖南、湖北。生于高山林下及林缘、山坡草地、灌丛中、山谷水沟边，海拔 700～4100m。尼泊尔、不丹、印度、苏联地区也有分布。

麻花艽（*Gentiana straminea*）

龙胆科（Gentianaceae）龙胆属（*Gentiana*），多年生草本，高 10～35cm，全株光滑无毛，基部被枯存的纤维状叶鞘包裹。须根多数，扭结成一个粗大、圆锥形的根。枝多数丛生，斜升，黄绿色，稀带紫红色，近圆形。莲座丛叶宽披针形或卵状椭圆形，长 6～20cm，宽 0.8～4cm，两端渐狭，边缘平滑或微粗糙，叶脉 3～5 条，在两面均明显，并在下面突起，叶柄宽，膜质，长 2～4cm，包被于枯存的纤维状叶鞘中；茎生叶小，线状披针形至线形，长 2.5～8cm，宽 0.5～1cm，两端渐狭，边缘平滑或微粗糙，叶柄宽，长 0.5～2.5cm，越向茎上部叶越小，柄越短。聚伞花序顶生及腋生，排列成疏松的花序；花梗斜伸，黄绿色，稀带紫红色，不等长，总花梗长达 9cm，小花梗长达 4cm；花萼筒膜质，黄绿色，长 1.5～2.8cm，一侧开裂呈佛焰苞状，萼齿 2～5 个，甚小，钻形，长 0.5～1mm，稀线形，不等长，长 3～10mm；花冠黄绿色，喉部具多数绿色斑点，有时外面带紫色或蓝灰色，漏斗形，长（3～）3.5～4.5cm，裂片卵形或卵状三角形，长 5～6mm，先端钝，全缘，褶偏斜，三角形，长 2～3mm，先端钝，全缘或边缘啮蚀形；雄蕊着生于冠筒中下部，整齐，花丝线状钻形，长 11～15mm，花药狭矩圆形，长 2～3mm；子房披针形或线形，长 12～20mm，两端渐狭，柄长 5～8mm，花柱线形，连柱头长 3～5mm，柱头 2 裂。蒴果内藏，椭圆状披针形，长 2.5～3cm，先端渐狭，基部钝，柄长 7～12mm；种子褐色，有光泽，狭矩圆形，长 1.1～1.3mm，表面有细网纹。花、果期 7～10 月。

产于西藏、四川、青海、甘肃、宁夏及湖北西部。生于高山草甸、灌丛、林下、林间空地、山沟、多石干山坡及河滩等地，海拔 2000～4950m。全草有小毒。

石生蝇子草（*Silene tatarinowii*）

石竹科（Caryophyllaceae）蝇子草属（*Silene*），多年生草本，全株被短柔毛，俗称太子参、连参。根圆柱形或纺锤形，黄白色。茎上升或俯仰，长30～80cm，分枝稀疏，有时基部节上生不定根。叶片披针形或卵状披针形，稀卵形，长2～5cm，宽5～15（～20）mm，基部宽楔形或渐狭成柄状，顶端长渐尖，两面被稀疏短柔毛，边缘具短缘毛，具1条或3条基出脉。二歧聚伞花序疏松，大型；花梗细，长8～30（～50）mm，被短柔毛；苞片披针形，草质；花萼筒状棒形，长12～15mm，直径3～5mm，纵脉绿色，稀紫色，无毛或沿脉被稀疏短柔毛，萼齿三角形，顶端急尖或渐尖，稀钝头，边缘膜质，具短缘毛；雌蕊柄、雄蕊柄无毛，长约4mm；花瓣白色，轮廓倒披针形，爪不露或微露出花萼，无毛，无耳，瓣片倒卵形，长约7mm，浅2裂达瓣片的1/4，两侧中部具1线形小裂片或细齿；副花冠片椭圆状，全缘；雄蕊明显外露，花丝无毛；花柱明显外露。蒴果卵形或狭卵形，长6～8mm，比宿存萼短。种子肾形，长约1mm，红褐色至灰褐色，脊圆钝。花期7～8月，果期8～10月。

产于河北、内蒙古、山西、河南、湖北、湖南、陕西、甘肃、宁夏、四川（东部）和贵州。生于海拔800～2900m的灌丛中、疏林下多石质的山坡或岩石缝中。

二色补血草（*Limonium bicolor*）

白花丹科（Plumbaginaceae）补血草属（*Limonium*），多年生草本，高20～50cm，全株（除萼外）无毛。叶基生，偶在花序轴下部1～3节上有叶，花期叶常存在，匙形至长圆状匙形，长3～15cm，宽0.5～3cm，先端通常圆或钝，基部渐

狭成平扁的柄。花序圆锥状；花序轴单生，或2~5枚各由不同的叶丛中生出，通常有3~4棱角，有时具沟槽，偶可主轴圆柱状，往往自中部以上作数回分枝，末级小枝二棱形；不育枝少（花序受伤害时则下部可生多数不育枝），通常简单，位于分枝下部或单生于分叉处；穗状花序有柄至无柄，排列在花序分枝的上部至顶端，由3~5（~9）个小穗组成；小穗含2~3（~5）花（含4~5花时则被第一内苞包裹的1~2花常不开放）；外苞长2.5~3.5mm，长圆状宽卵形（草质部呈卵形或长圆形），第一内苞长6~6.5mm；萼长6~7mm，漏斗状，萼筒径约1mm，全部或下半部沿脉密被长毛，萼檐初时淡紫红色或粉红色，后来变白色，宽为花萼全长的一半（3~3.5mm），开张幅径与萼的长度相等，裂片宽短而先端通常圆，偶可有一易落的软尖，间生裂片明显，脉不达于裂片顶缘（向上变为无色），沿脉被微柔毛或变无毛；花冠黄色。花期5（下旬）~7月，果期6~8月。

产于东北、黄河流域各省（自治区）和江苏北部。主要生于平原地区，也见于山坡下部、丘陵和海滨，喜生于含盐的钙质土上或沙地。蒙古国也有分布。

本种因分布较广，随同生境的变化也较大。一般来说，在水分充足而排水良好的条件下，小穗中开放的花多，花序也显得稠密；反之则花序较疏，小穗中能够开放的花也较少；在盐分较重的生境中萼檐紫红色持续的时间较久，花序轴棱角明显并往往出现沟槽；在盐分较少的场所则花萼仅在初放时（甚至仅在花蕾时）呈粉红色，不久即变为白色；在土质疏松、水分适宜而盐分不太重的地方，花序主轴常可变为圆柱状。

黄花补血草（*Limonium aureum*）

白花丹科（Plumbaginaceae）补血草属（*Limonium*），多年生草本，高4~35cm，全株（除萼外）无毛，俗称黄花苍蝇架、黄里子白、干活草、石花子、金佛花。茎基往往被有残存的叶柄和红褐色芽鳞。叶基生（偶尔花序轴下部1~2节上也有叶），常早凋，通常长圆状匙形至倒披针形，长1.5~3（~5）cm，宽2~5（~15）mm，先端圆或钝。有时急尖，下部渐狭成平扁的柄。花序圆锥状，花序轴2至多数，绿色，密被疣状突起（有时仅上部嫩枝具疣），由下部作数回叉状分枝，往往呈之字形曲折，下部的多数分枝成为不育枝，末级的不育枝短而常略弯；穗状花序位于上部分枝顶端，由3~5（~7）个小穗组成；小穗含2~3花；外苞长2.5~3.5mm，宽卵形，先端钝或急尖，第一内苞长5.5~6mm；萼长5.5~6.5（~7.5）mm，漏斗状，萼筒径约 1mm，基部偏斜，全部沿脉和脉间密被长毛，萼檐金黄色（干后有时变橙黄色），裂片正三角形，脉伸出裂片先端成一芒尖或短尖，沿脉常疏被微柔毛，间生裂片常不明显；花冠橙黄色。花期 6～8 月，果期 7～8 月。

产于东北（西部）、华北（北部）和西北各省（自治区），近年在四川西北部（甘孜）也发现有分布，见于平原和山坡下部，生于土质含盐的砾石滩、黄土坡和砂土地上。

地梢瓜（*Cynanchum thesioides*）

萝藦科（Asclepiadaceae）鹅绒藤属（*Cynanchum*），直立半灌木。地下茎单轴横生；茎自基部多分枝。叶对生或近对生，线形，长 3～5cm，宽 2～5mm，叶背中脉隆起。伞形聚伞花序腋生；花萼外面被柔毛；花冠绿白色；副花冠杯状，裂片三角状披针形，渐尖，高过药隔的膜片。蓇葖纺锤形，先端渐尖，中部膨大，长 5～6cm，直径 2cm。种子扁平，暗褐色，长 8mm；种毛白色绢质，长 2cm。花期 5～8 月，果期 8～10 月。

产于黑龙江、吉林、辽宁、内蒙古、河北、河南、山东、山西、陕西、甘肃、新疆和江苏等省（自治区）。生长于海拔 200～2000m 的山坡、沙丘或干旱山谷、荒地、田边等处。分布于朝鲜、蒙古国和苏联地区。全草有毒。

老瓜头（*Cynanchum mongolicum*）

萝藦科（Asclepiadaceae）鹅绒藤属（*Cynanchum*），直立半灌木，高达 50cm，全株无毛；根须状，俗称牛心朴子。叶革质，对生，狭椭圆形，长 3～7cm，宽 5～15mm，顶端渐尖或急尖，干后常呈粉红色，近无柄。伞形聚伞花序近顶部腋生，着花 10 余朵；花萼 5 深裂，两面无毛，裂片长圆状三角形；花冠紫红色或暗紫色，裂片长圆形，长 2～3mm，宽 1.5mm；副花冠 5 深裂，裂片盾状，与花药等长；花粉块每室 1 个，下垂；子房坛状，柱头扁平。蓇葖单生，匕首形，向端部喙状渐尖，长 6.5cm，直径 1cm。种子扁平；种毛白色绢质。花期 6～8 月，果期 7～9 月。

产于宁夏、甘肃、河北和内蒙古等省（自治区）。分布于内蒙古北部边缘地区附近的沙漠及黄河岸边或荒山坡，垂直分布可达海拔 2000m 左右。

全草有毒，含娃儿藤碱等多种生物碱。

单脉大黄（*Rheum uninerve*）

蓼科（Polygonaceae）大黄属（*Rheum*），矮小草本，高 15～30cm，稀稍高，根较细长，无茎，根状茎顶端残存有黑褐色膜质的叶鞘。基生叶 2～4 片，叶片纸质，卵形或窄卵形，长 8～12cm，宽 4～7.5cm，顶端钝或钝急尖，基部略圆形到极宽楔形，边缘具弱波；叶脉掌羽状，白绿色，中脉粗壮，侧脉明显；叶柄短，长 3～5cm，宽 3.5～5mm，光滑无毛或稀具小乳突。窄圆锥花序，2～5 枝，由根状茎生出，花序梗实心或髓腔不明显，基部直径 2～5mm，1～2 次分枝，具细棱线，光滑无毛；花 2～4 朵簇生，小苞片披针形，长 1～2mm；花梗细长，长约 3mm，关节近基部，光滑无毛；花被片淡并红紫色，椭圆形到稍长椭圆形，外轮较小，长 1～1.5mm，内轮长 1.5～2mm；花盘肉质，环状，具浅缺刻；雄蕊 8～9，插生花盘

下，不外露，花丝极短，短于 1mm；子房近菱状椭圆形，花柱长而反曲，柱头头状。果实宽矩圆状椭圆形，长 14～16mm，宽 12.5～14.5mm，顶端圆或微凹，基部心形，翅宽达 5mm，膜质，浅红紫色，纵脉靠近翅的外缘。种子窄卵形，宽约 3mm，深褐色，宿存花被长约 3mm，白色。花期 5～7 月，果期 8～9 月。

产于甘肃、宁夏、内蒙古（巴彦淖尔盟、伊克昭盟）、青海东部等地。生于海拔 1100～2300m 的

山坡砂砾地带或山路旁。

蓝花韭（*Allium beesianum*）

百合科（Liliaceae）葱属（*Allium*），鳞茎数枚聚生，圆柱状，粗 0.5～1cm；鳞茎外皮褐色，破裂成纤维状，基部近网状，有时条裂。叶条形，比花葶短，宽 3～8mm。花葶圆柱状，高（20～）30～50cm，中部以下被叶鞘；总苞单侧开裂，早落；伞形花序半球状，少花，较疏散；小花梗近等长于或短于花被片，基部无小苞片；花长，狭钟状，蓝色；花被片狭矩圆形至狭卵状矩圆形，先端钝圆，长 11～14（～17）mm，宽 3～5.5mm，边缘全缘，外轮的常比内轮的稍短而宽；花丝近等长，常为花被片长的 4/5，基部合生并与花被片贴生，合生部分高约 1mm，内轮的基部扩大，有时扩大部分的每侧各具 1 齿，外轮的锥形，极少在基部扩大；子房倒卵球状，具 3 圆棱，腹缝线基部具明显凹陷的蜜穴；花柱常比子房长 2～3 倍；柱头点状。花果期 8～10 月。

产于云南西北部（丽江、鹤庆）和四川西南部（盐边）。生于海拔 3000～4200m 的山坡或草地上。

黑柴胡（*Bupleurum smithii*）

伞形科（Umbelliferae）柴胡属（*Bupleurum*），多年生草本，常丛生，高 25～60cm。根黑褐色，质松，多分枝。植株变异较大。数茎直立或斜升，粗壮，有显著的纵槽纹，上部有时有少数短分枝。叶多，质较厚，基部叶丛生，狭长圆形或长圆状披针形或倒披针形，长 10～20cm，宽 1～2cm，顶端钝或急尖，有小突尖，基部渐狭成叶柄，叶柄宽狭变化很大，长短也不一致，叶基带紫红色，扩大抱茎，叶脉 7～9，叶缘白色，膜质；中部的茎生叶狭长圆形或倒披针形，下部较窄成短柄或

无柄，顶端短渐尖，基部抱茎，叶脉11～15；序托叶长卵形，长 1.5～7.5cm，最宽处 10～17mm，基部扩大，有时有耳，顶端长渐尖，叶脉 21～31；总苞片1～2 或无；伞辐 4～9，挺直，不等长，长 0.5～4cm，有明显的棱；小总苞片6～9，卵形至阔卵形，很少披针形，顶端有小短尖头，长 6～10mm，宽 3～5mm，5～7 脉，黄绿色，长过小伞形花序 0.5～1倍；小伞形花序直径 1～2cm，花柄长 1.5～2.5mm；花瓣黄色，有时背面带淡紫红色；花柱基干燥时紫褐色。果棕色，卵形，长 3.5～4mm，宽 2～2.5mm，棱薄，狭翼状；每棱槽内油管 3，合生面 3～4。花期 7～8 月，果期 8～9 月。

产于河北、山西、陕西、河南、青海、甘肃和内蒙古等省（自治区）。生于海拔1400～3400m 的山坡草地、山谷、山顶阴处。

藏波罗花（*Incarvillea younghusbandii*）

紫葳科（Bignoniaceae）角蒿属（*Incarvillea*），矮小宿根草本，高 10～20cm，无茎。根肉质，粗壮；粗 6～11mm。叶基生，平铺于地上，为一回羽状复叶；叶轴长3～4cm；顶端小叶卵圆形至圆形，较大，长及宽为 3～5（～7）cm，顶端圆或钝，基部心形，侧生小叶 2～5 对，卵状椭圆形，长 1～2cm，宽约 1cm，粗糙，具泡状隆起，有钝齿，近无柄。花单生或 3～6 朵着生于叶腋中抽出缩短的总梗上；花梗长6～9mm。花萼钟状，无毛，长 8～12mm，口部直径约 4mm，萼齿 5，不等大，平滑，长 5～7mm。花冠细长，漏斗状，长 4～5（～7）cm，基部直径 3mm，中部直径 8mm，花冠筒橘黄色，花冠裂片开展，圆形。雄蕊 4，着生于花冠筒基部，2 强，花药丁字形着生，在药隔的基部有一针状距，长约 1mm，膜质，药室纵向开裂。雌蕊的花柱由花药抱合，并远伸出于花冠之外，长约 4cm，柱头扇形，薄膜状，2 片开裂，子房 2 室，棒状，胚珠在每一胎座上 1～2 列。蒴果近于木质，弯曲或新月形，

长 3～4.5cm，具四棱，顶端锐尖，淡褐色，2 瓣开裂。种子 2 列，椭圆形，长 5mm，宽 2.5mm，下面凸起，上面凹入，近黑色，具不明显细齿状周翅及鳞片。花期 5～8 月，果期 8～10 月。

产于青海、西藏（拉萨、那曲、班戈、索县、比如、仲巴、加里、错那、普兰、定结、聂拉木、定日、改则）。生于高山沙质草甸及山坡砾石垫状灌丛中，海拔（3600～ ）4000～5000（～5840）m。在尼泊尔也有分布。

长柱沙参（*Adenophora stenanthina*）

桔梗科（Campanulaceae）沙参属（*Adenophora*），茎常数支丛生，高 40～120cm，有时上部有分枝，通常被倒生糙毛。基生叶心形，边缘有深刻而不规则的锯齿；茎生叶从丝条状到宽椭圆形或卵形，长 2～10cm，宽 1～20mm，全缘或边缘有疏离的刺状尖齿，通常两面被糙毛。花序无分枝，因而呈假总状花序或有分枝而集成圆锥花序；花萼无毛，筒部倒卵状或倒卵状矩圆形，裂片钻状三角形至钻形，长 1.5～5（～7）mm，全缘或偶有小齿；花冠细，近于筒状或筒状钟形，5 浅裂，长 10～17mm，直径 5～8mm，浅蓝色、蓝色、蓝紫色、紫色；雄蕊与花冠近等长；花盘细筒状，长 4～7mm，完全无毛或有柔毛；花柱长 20～22mm。蒴果椭圆状，长 7～9mm，直径 3～5mm。花期 8～9 月。

产于甘肃（洮河流域、祁连山）、青海（同仁、贵南、都兰、祁连、门源）。生于海拔 2500～4000m 的山地针叶林下、灌丛中，也见于草丛中。

宿根亚麻（*Linum perenne*）

亚麻科（Linaceae）亚麻属（*Linum*），多年生草本，高 20～90cm。根为直根，粗壮，根颈头木质化。茎多数，直立或仰卧，中部以上多分枝，基部木质化，具密集狭条形叶的不育枝。叶互生；叶片狭条形或条状披针形，长 8～25mm，宽 8～3（～4）mm，全缘内卷，先端锐尖，基部渐狭，1～3 脉（实际上由于侧脉不明显而为 1 脉）。花多数，组成

聚伞花序，蓝色、蓝紫色、淡蓝色，直径约 2cm；花梗细长，长 1～2.5cm，直立或稍向一侧弯曲；萼片 5，卵形，长 3.5～5mm，外面 3 片先端急尖，内面 2 片先端钝，全缘，5～7 脉，稍凸起；花瓣 5，倒卵形，长 1～1.8cm，顶端圆形，基部楔形；雄蕊 5，长于或短于雌蕊，或与雌蕊近等长，花丝中部以下稍宽，基部合生；退化雄蕊 5，与雄蕊互生；子房 5 室，花柱 5，分离，柱头头状。蒴果近球形，直径 3.5～7（～8）mm，草黄色，开裂。种子椭圆形，褐色，长 4mm，宽约 2mm。花期 6～7 月，果期 8～9 月。

分布于河北、山西、内蒙古、西北和西南等地。生于干旱草原、沙砾质干河滩和干旱的山地阳坡疏灌丛或草地，海拔达 4100m。

第三部分 中国西部天然草地主要毒害草分布及环境影响因子系列图

中国西部天然草地主要毒害草分布及环境影响因子系列图共有地图 30 幅，主要由两部分构成。

（1）环境影响因子

环境影响因子显示影响中国西部天然草地主要毒害草分布的环境背景，包含四个图组。

图组 1：地形因子，主要包括中国西部 DEM、中国西部坡度、中国西部坡向、中国西部地形起伏度和中国西部地形湿度指数，反映中国西部地形概况及其空间分布规律。

图组 2：气候因子，主要包括中国西部年平均降水量、中国西部年平均气温和中国西部年平均相对湿度，反映中国西部基本气候要素的空间变化情况。

图组 3：植被因子，主要包括中国西部 NDVI（1990 年）、中国西部 NDVI（2000年）、中国西部 NDVI（2014 年）、中国西部植被覆盖度（1990 年）、中国西部植被覆盖度（2000 年）和中国西部植被覆盖度（2014 年），反映中国西部植被覆盖的时空变化特征。

图组 4：社会经济，主要包括青海省人口分布（2000 年）、青海省人口分布（2013 年）、青海省载畜量分布（2000 年）和青海省载畜量分布（2013 年），从典型区域尺度反映影响毒害草分布的主要社会经济要素的变化规律。

（2）毒害草分布图

毒害草分布图从重点区域和中国西部两个尺度显示中国西部天然草地主要毒害草的分布概况，包含两个图组。

图组 5：青海省瑞香狼毒分布图，主要包括 2013 年祁连样区瑞香狼毒分布图、兴海样区瑞香狼毒分布图、海晏样区瑞香狼毒分布图和青海省瑞香狼毒分布图。从典型样区和青海省两个尺度反映瑞香狼毒在青海省的分布概况。

图组 6：中国西部天然草地主要毒害草地理分布图，主要包括中国西部天然草地有毒黄芪分布图、中国西部天然草地有毒棘豆分布图、中国西部天然草地牛心朴子分布图、中国西部天然草地瑞香狼毒分布图、中国西部天然草地橐吾分布图、中国西部天然草地乌头分布图、中国西部天然草地紫茎泽兰分布图和中国西部天然草地醉马芨芨草分布图，反映了中国西部天然草地主要毒害草的地理分布状况。

该系列 30 幅地图的地理基础底图编制说明如下所示。

（1）投影说明

①涉及全国范围的图幅，采用双标准纬线等面积圆锥投影（Albers 投影）。中央经线为 105°E，标准纬线 φ1=25°N，φ2=47°N。②仅涉及青海省部分的图幅，同样采用双标准纬线等面积圆锥投影（Albers 投影）。中央经线为 96°30′E，标准纬线 φ1=33°30′N，φ2=38°N。

（2）基础地理要素的选取

基础地理要素的选取原则是保证专题要素内容绘制时定位准确，并能够表达专题要素的分布特征与地理环境的基本联系。系列图中各图幅根据比例尺及制图范围不同，基础地理要素的选取程度不同。设计全国范围的图幅主要选取了国界、省界、主要河流、首都、省会城市及部分重要城市。青海省图幅则主要选取了省界、地区及自治州界、县界、主要河流及湖泊、主要山脉、省会及各市县等。

一、环境影响因子

1. 地形因子

（1）中国西部 DEM

数字高程模型（digital elevation model，DEM）是用一组有序数值阵列形式表示地面高程的一种实体地面模型。中国西部 DEM 图的基础数据来源于地理空间数据云平台（www.gscloud.cn）提供的 90m（shuttle radar topography mission，SRTM）DEM 数据。SRTM DEM 是由美国太空总署（NASA）和国防部国家测绘局（NIMA）在 2000 年联合通过在"奋进"号航天飞机上搭载 SRTM 系统测量得到的 DEM，空间分辨率为 90m，利用中国西部 8 省的行政边界范围裁剪得到中国西部 DEM（图 3-1）。

（2）中国西部坡度

坡度是指地表某一点的切平面与水平地面的夹角，表示地表面在该点的倾斜程度，单位为度（°）。中国西部坡度图以中国西部 90m SRTM DEM 为数据源，利用 ArcGIS 地理信息系统软件中的坡度函数（三阶反距离平方权差分法）计算所得（图 3-2）。

（3）中国西部坡向

坡向是指地表某一点切平面的法线矢量在水平面的投影与过该点的正北方向的夹角，表征了该点高程值改变量的最大变化方向，单位为度（°）。坡向取值范围为 0°～360°，0° 为正北方向，按顺时针方向计算，45° 为东北方向、90° 为正东方向、

135° 为东南方向、180° 为正南方向、225° 为西南方向、270° 为正西方向、315° 为西北方向、360° 为正北方向。中国西部坡向图以中国西部 90m SRTM DEM 为数据源，利用 ArcGIS 地理信息系统软件中的坡向函数计算所得（图 3-3）。

（4）中国西部地形起伏度

地形起伏度是划分地貌的一个重要指标，它是指在一个特定区域内最高点海拔与最低点海拔的差值，主要从宏观上描述该区域内的地形特征。中国西部地形起伏度图以中国西部 90m SRTM DEM 为数据源，利用 ArcGIS 地理信息系统软件中的 Focal 函数通过 DEM 高程极值的差值运算所得，其中计算窗口大小为 11×11 个像元（图 3-4）。

（5）中国西部地形湿度指数

地形湿度指数是对流域中各点潜在土壤水分含量和地表产流潜在能力的量化表达。地形湿度指数越大，意味着该地区具有较大的坡面汇流面积或较低的水力坡降，土壤更容易达到饱和产流。中国西部地形湿度指数图以中国西部 90m SRTM DEM 和中国西部坡度为数据源，基于 ArcGIS 地理信息系统软件计算获得（图 3-5）。地形湿度指数计算公式如下：

$$W = \ln\left(\alpha/\tan\beta\right)$$

式中，α 为流经地表某一点的单位等高线长度上的汇流面积（m^2/m）；β 为该点处的坡度（°）。

2. 气候因子

气候因子系列图的原始数据来源于中国气象科学数据共享服务网（http://cdc.nmic.cn）的"中国地面气候资料日值数据集"，采用中国西部 8 省 325 个基本地面气象观测站点 2000～2013 年的逐日降水量、逐日气温和逐日相对湿度数据。

对所用气候数据进行异常值剔除、通过数据质量控制后，计算 2000～2013 年的平均降水量、平均气温及平均相对湿度；根据各站点的经纬度，利用 ArcGIS 软件中的普通克里金插值方法得到中国西部年平均降水量图（图 3-6）、中国西部年平均气温图（图 3-7）和中国西部年平均相对湿度图（图 3-8）。

2000～2013 年，中国西部年平均降水量 100～1600mm，分布趋势为从东南向西北递减，四川盆地存在明显的降水集中区域，新疆塔里木盆地为明显的降水稀少区域。中国西部年平均气温 −4～21℃，从东南向西北逐渐降低，四川省成都市为整个西部区域的高温区，青海西部及内蒙古东北部为整个西部区域的低温区。中国西部年平均相对湿度为 30%～86%，四川东南部、陕西南部、内蒙古东北部、新疆北部年平均相对湿度较大，新疆东南部、青海北部、西藏西北部年平均相对湿度较小。

3. 植被因子

植被指数（vegetation index）是指利用在轨卫星的红和近红外两个波段的不同

组合得到的遥感指数图像，能较好地反映植被覆盖度和生长状况。归一化植被指数（normalized difference vegetation index，NDVI）是目前国际上公认的通用植被指数，其计算公式如下：

$$\text{NDVI} = (\text{NIR} - R) / (\text{NIR} + R)$$

式中，NIR 和 R 分别为近红外波段和红波段处的反射率值。

中国西部 NDVI 是以地理空间数据云（www.gscloud.cn）提供的 1990 年 NOAA AVHRR GIMMSS NDVI 数据、美国 USGS 网站（http://glovis.usgs.gov/）提供的 2000 年及 2014 年的 MODIS 数据产品为数据源（其中 GIMMSS 数据的空间分辨率为 8km，MODIS 数据的空间分辨率为 1km），利用 ENVI 遥感图像处理软件、通过 bandmath 工具、根据 NDVI 公式计算所得。NDVI 能够消除地形阴影和辐射干扰，削弱太阳高度角和大气所带来的噪声，有效评估植被状况，定量表征植被活力（图 3-9～图 3-11）。

植被覆盖度是指植被（包括叶、茎、枝）在地面垂直投影面积占统计区总面积的百分比。在样地和坡面尺度，植被覆盖度可通过地面实测获得；而在区域尺度，则必须利用各种遥感植被指数（如 NDVI）来计算植被覆盖度。像元二分模型是反演植被覆盖度的常用方法，计算公式如下：

$$F_\text{C} = (\text{NDVI} - \text{NDVI}_\text{soil}) / (\text{NDVI}_\text{veg} - \text{NDVI}_\text{soil})$$

式中，F_C 为植被覆盖度；NDVI_veg 为完全植被覆盖像元的 NDVI 值；NDVI_soil 为完全裸土或无植被覆盖区的 NDVI 值。

中国西部植被覆盖度是以中国西部 NDVI 为数据源，利用 ENVI 遥感图像处理软件通过 bandmath 工具，根据像元二分模型公式计算所得。图 3-12～图 3-14 中采用 NDVI 累计百分数 5% 作为裸土的纯像元、5% 作为植被纯像元来确定 NDVI_soil 和 NDVI_veg 的取值。对反演的植被覆盖度进行如下分级：0～20% 为劣等植被、20%～40% 为差等植被、40%～60% 为中等植被、60%～80% 为良等植被、80%～100% 为优等植被。从整体上看中国西部植被覆盖度的变化趋势由西北向东南逐渐增加，1990～2014 年植被覆盖度逐渐增加，说明中国西部地区植被覆盖状况逐渐好转。

4. 社会经济

人口密度是指单位面积土地上居住的人口数。它是表示世界各地人口密集程度的指标。通常以每平方千米或每公顷内的常住人口为计算单位。青海省人口密度是根据 2000 年和 2013 年《青海省统计年鉴》上各县的户籍统计人口数与土地面积相比计算得出，单位为人 /km²。青海省总面积约为 72 万 km²，2000 年总人口约 487 万，人口密度约 7 人 /km²；2013 年总人口约 581 万，人口密度约 8 人 /km²，2013 年青海省人口总数明显上升。青海省人口密度分布图是以 2000 年和 2013 年各县人口总数与人口密度为数据源，利用 ArcGIS 地理信息系统软件分级制图（图 3-15、图 3-16）。

　　载畜量是指一定草地面积，在一定利用时间内，所承载饲养家畜的头数和时间。青海省载畜量分布图计算的是现存载畜量，即指一定面积的草地，在一定利用时间段内，实际承养的标准家畜头数，单位为羊单位。一只体重 50kg 并哺半岁以内单羔，日消耗 1.8kg 标准干草的成年母绵羊，或与此相当的其他家畜为 1 个标准羊单位。根据 2000 年和 2013 年《青海省统计年鉴》中州、市年末牲畜存栏头数，将大牲畜、绵山羊等折合成羊单位，与各州、市的草地面积相比计算载畜量，单位为羊 /km²。各类牲畜折羊单位比例确定为：一只绵羊折 1.0 个羊单位，一只山羊折 0.8 个羊单位，一头黄牛折 4.5 个羊单位，一头牦牛折 4.0 个羊单位，一头奶牛折 6.0 个羊单位，一匹马折 6.0 个羊单位。青海省载畜量分布图以计算出的各州、市载畜量为数据源，利用 ArcGIS 地理信息系统软件分级制图（图 3-17、图 3-18）。

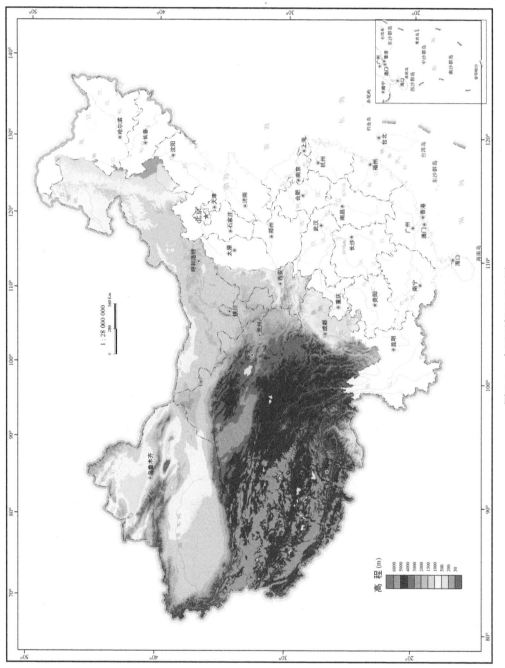

图 3-1　中国西部 DEM 图

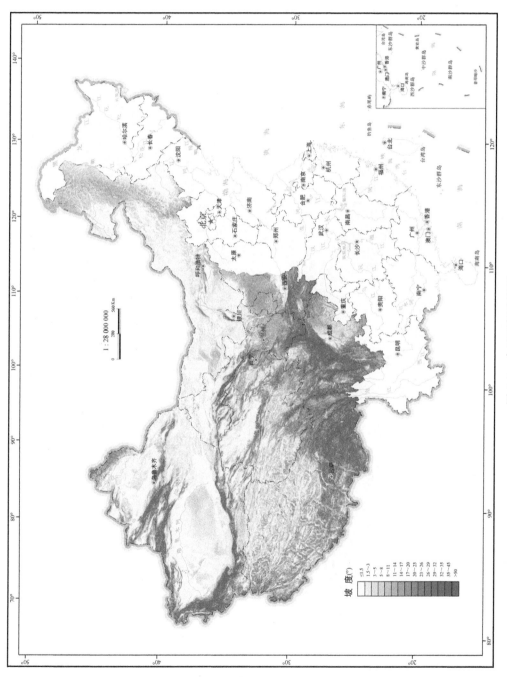

图 3-2　中国西部坡度图

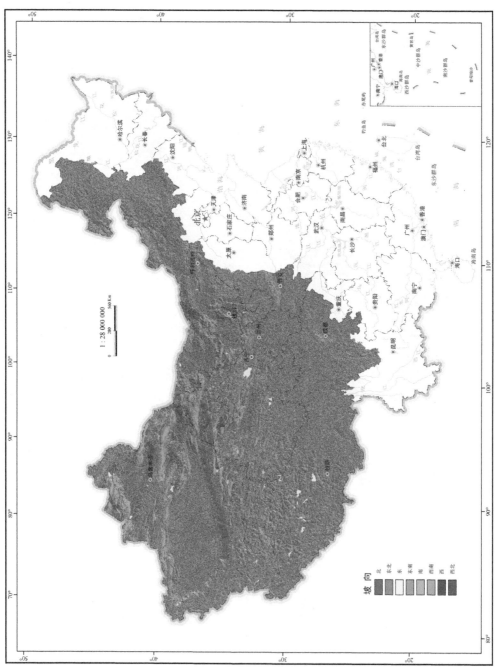

图 3-3　中国西部坡向图

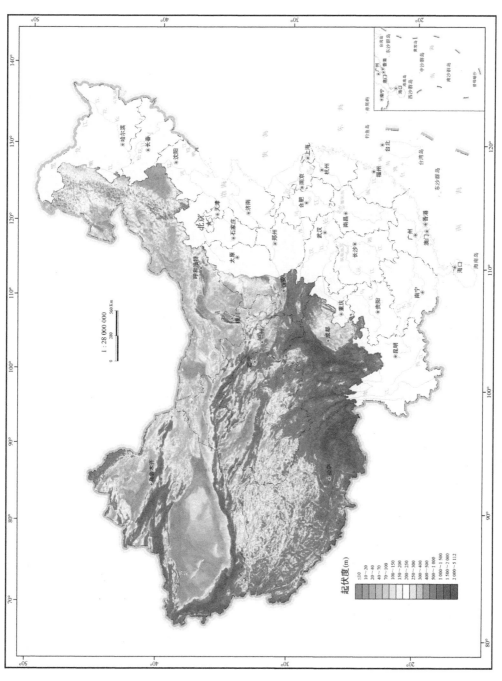

图 3-4　中国西部地形起伏度图

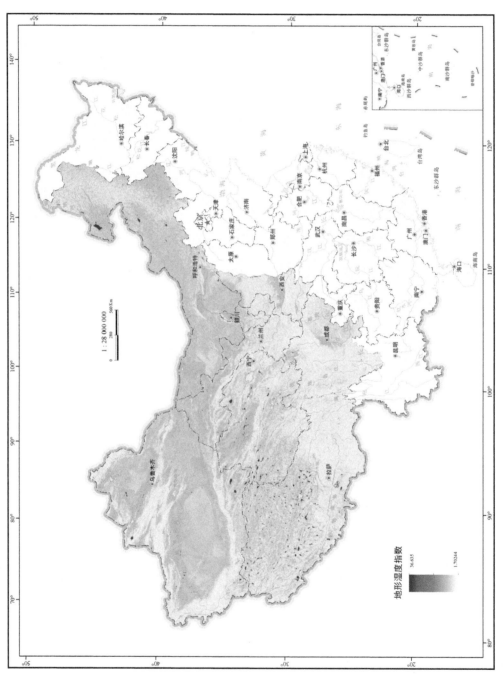

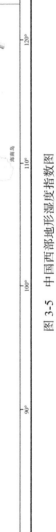

图 3-5　中国西部地形湿度指数图

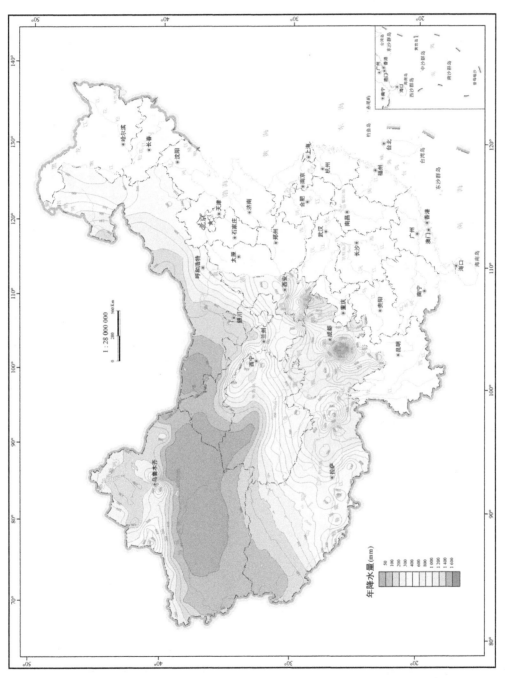

图 3-6 中国西部平均年降水量图

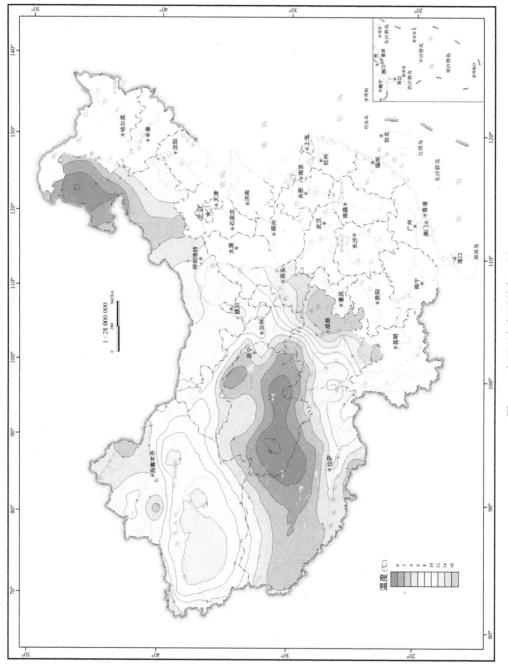

图 3-7 中国西部年平均气温图

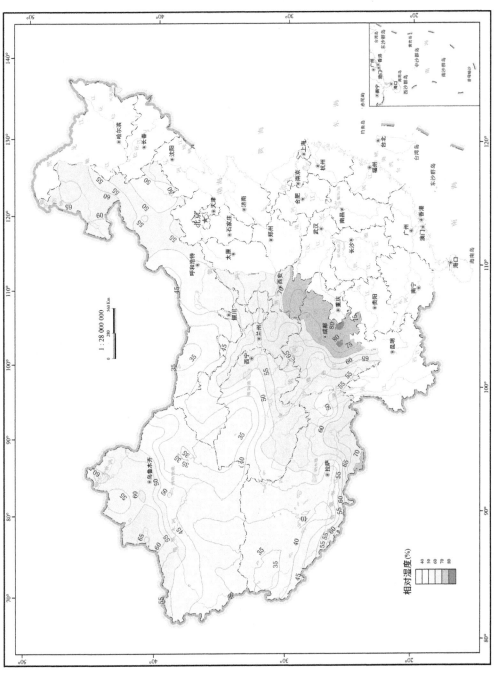

图 3-8　中国西部年平均相对湿度图

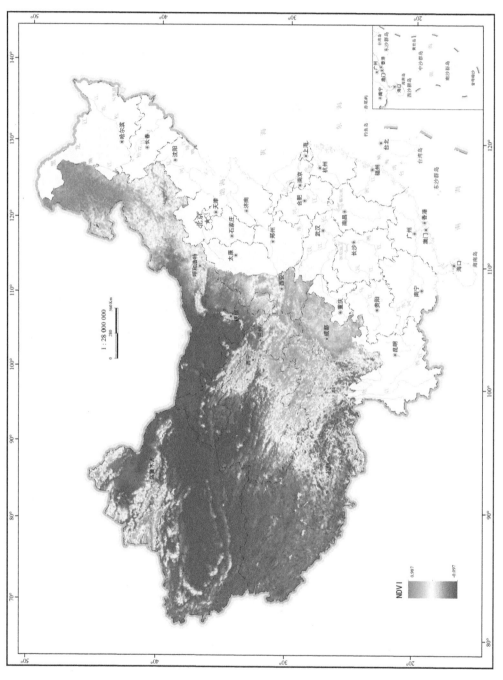

图 3-9 中国西部 NDVI（1990 年）

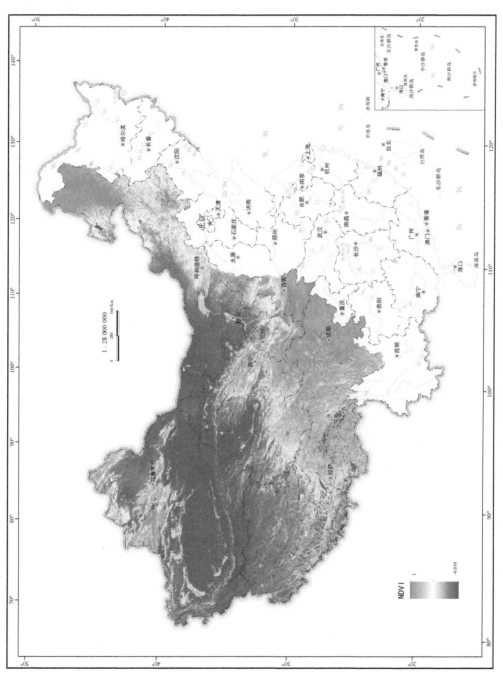

图 3-10 中国西部 NDVI（2000 年）

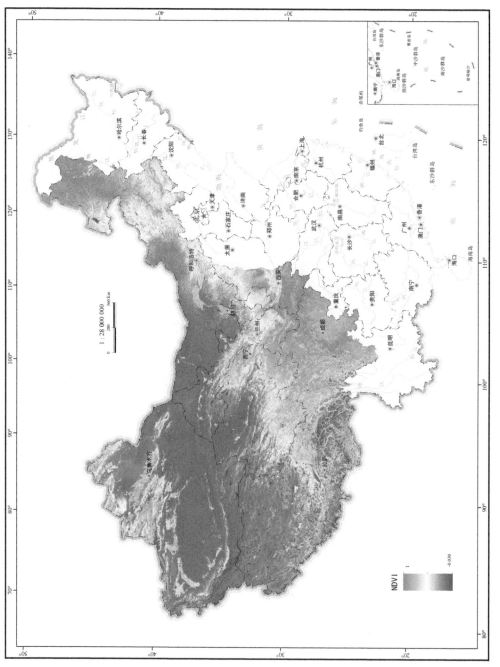

图 3-11 中国西部 NDVI（2014 年）

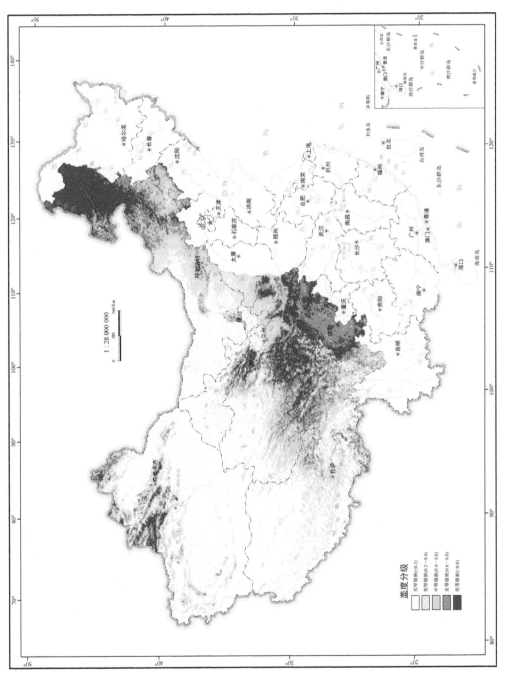

图 3-12 中国西部植被覆盖度（1990 年）

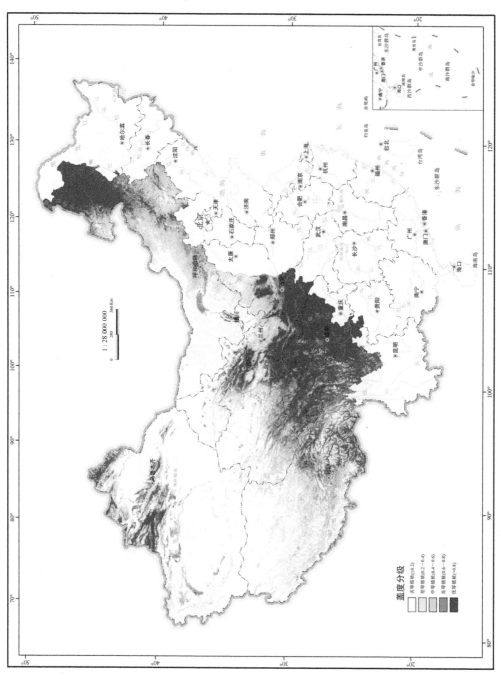

图 3-13 中国西部植被覆盖盖度（2000 年）

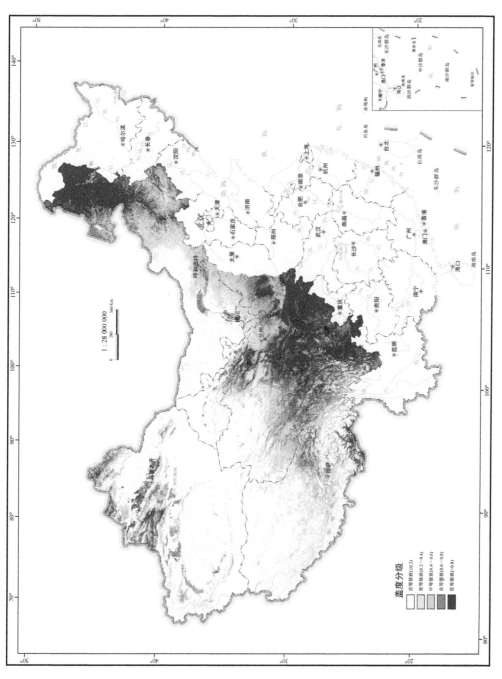

图 3-14　中国西部植被覆盖度（2014 年）

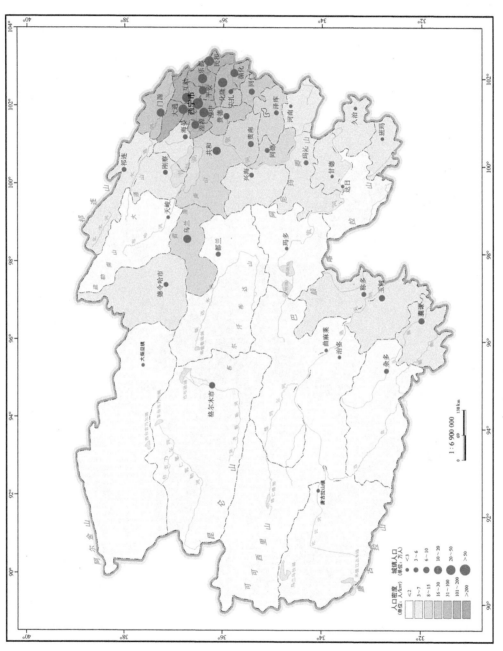

图 3-15　青海省人口分布（2000 年）

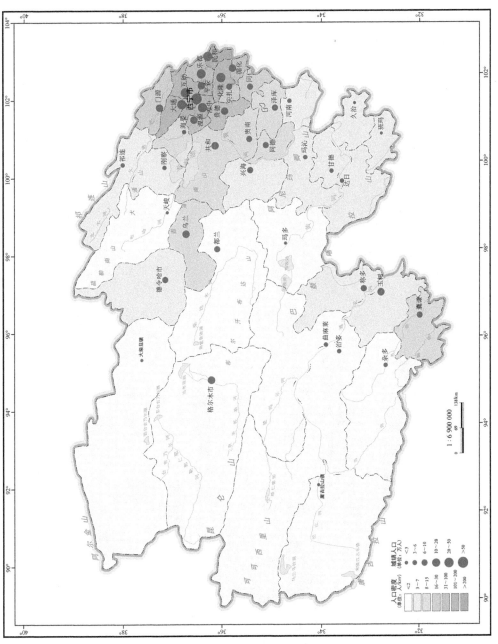

图 3-16　青海省人口分布（2013 年）

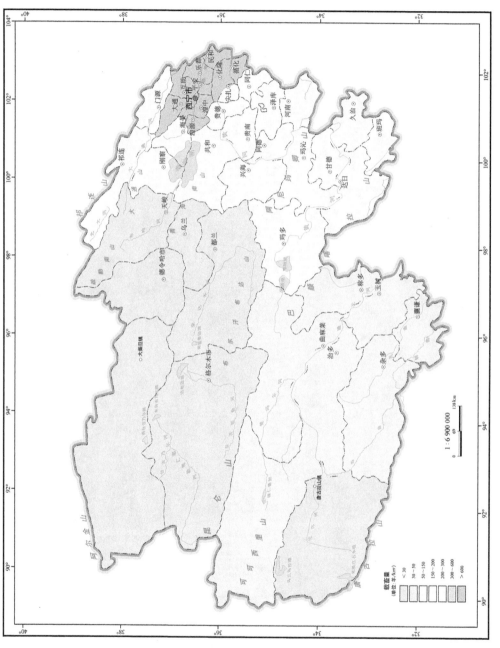

图 3-17 青海省载畜量分布（2000 年）

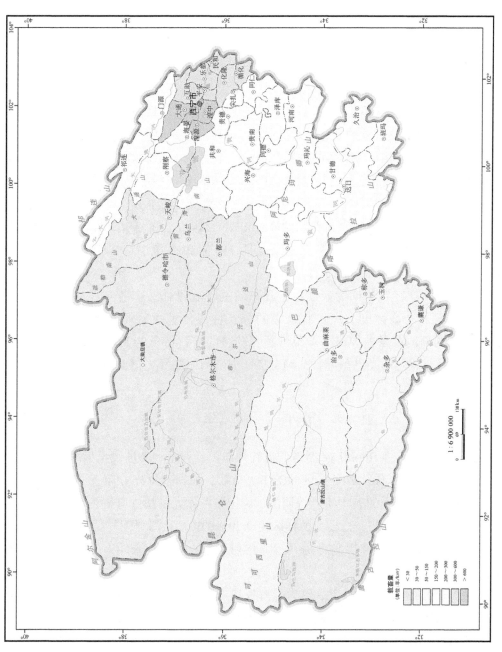

图 3-18　青海省载畜量分布（2013 年）

二、毒害草分布图

1. 青海省瑞香狼毒分布图

瑞香狼毒（*Stellera chamaejasme*）为瑞香科狼毒属植物，多年生草本，株高20～50cm，叶披针形，花白色、黄色或淡红色，顶生头状花序，果实为蒴果。瑞香狼毒全株有毒，家畜误食后会发生腹泻、呕吐甚至死亡。瑞香狼毒主要生长在海拔2300～4200m、年平均气温约0℃的高山及亚高山草地，其根系粗大且入土深，具有极强的环境适应能力，在草地群落的种类竞争中处于优势。瑞香狼毒是目前分布在青藏高原高寒草甸的主要毒害草种类，也是高寒草甸退化的重要指示标志之一。

根据青海省狼毒空间分布特征，在全省从北到南确定了祁连县、海晏县和兴海县三个典型研究区，获取了狼毒盛花期的 RapidEye 影像（空间分辨率为5m，5个多光谱波段），提取狼毒分布信息。影像成像日期为祁连2013年7月5日、海晏2013年6月28日、兴海2013年7月15日。

瑞香狼毒顶花在花蕾期为紫红色，开花期主要呈现白色。盛花期瑞香狼毒在空间上具有大面积、高盖度、斑块状聚集的分布特征，实地远观有明显的粉白色光晕，与绿色的草地背景差异显著。狼毒顶花独特的光谱特征为其遥感识别提供了基础。根据狼毒与牧草的光谱差异特征确定狼毒识别的诊断性光谱波段，构建狼毒敏感指数：

$$NDVI_{blue} = \frac{\rho_{nir} - \rho_{blue}}{\rho_{nir} + \rho_{blue}}$$

式中，ρ_{nir}、ρ_{blue} 分别为 RapidEye 影像的近红外波段反射率和蓝波段反射率。

基于 RapidEye 影像计算各样区 $NDVI_{blue}$ 指数，根据狼毒样方调查的实测样点数据，分析狼毒分布像元的 $NDVI_{blue}$ 特征值，确定狼毒像元的指数分割值域。其中，祁连典型样区为0.75～0.79，海晏典型样区为0.50～0.60，兴海典型样区为0.85～0.89，利用阈值分割法进行各样区狼毒像元分布区域提取，并在 ArcGIS 软件下进行制图（图3-19～图3-21）。

采用 MODIS MOD09A1 产品作为青海省狼毒分布提取的信息源，该产品为8天合成、空间分辨率500m，包含红光、近红外、蓝光、绿光、短波红外等7个反射率波段。覆盖青海省需要两景 MODIS 数据，分别是 h25v05 和 h26v05。

对 MODIS 影像中云等噪声进行处理：根据蓝光反射率>20%的条件找出受天气条件影响的数据点，然后利用该数据点前一期和后一期的值进行插值并替补该数据点原来的值。

利用野外调查典型样点数据，对狼毒和其他典型地物的影像光谱特征进行分析。在盛花期影像上大面积密集斑块状分布的狼毒群落白花特征明显，使狼毒各波段反射率明显升高，反射率与其他植被类别的差异较大，利用其明显的差异特征可以从MODIS 影像上提取狼毒分布信息。

依据狼毒光谱特征和青海省南、中、北三个分区的狼毒花期，选取了 2014 年 6 月18 日、6 月 26 日、7 月 4 日、7 月 12 日和 7 月 20 日五期 MODIS 影像，通过狼毒盛花期前和盛花期白花的光谱差异对比，采用最小距离分类法对南、中、北三个分区进行分类并提取瑞香狼毒分布信息，最终合并得到青海省瑞香狼毒分布图（图 3-22）。

2. 中国西部天然草地主要毒害草地理分布图

项目组对多年积累的西部天然草地主要毒害草基础调查与遥感调查研究成果进行总结，根据我国行政区划，对西部天然草地主要毒害草进行地理分布标注，标注单元为县级，在 ArcGIS 地理信息系统软件下进行制图（图 3-23～图 3-30）。

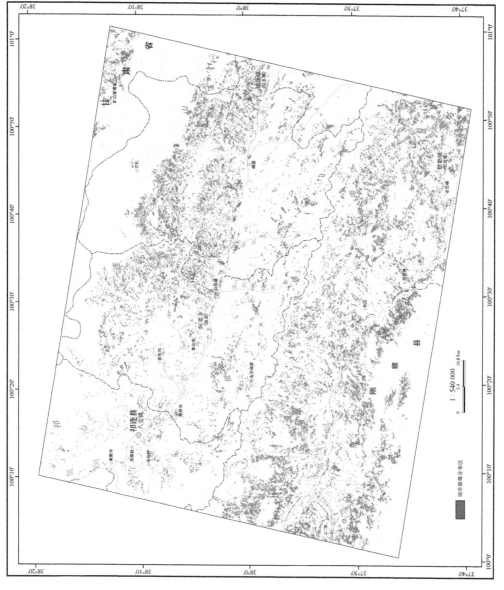

图 3-19　祁连样区瑞香狼毒分布图（2013 年）

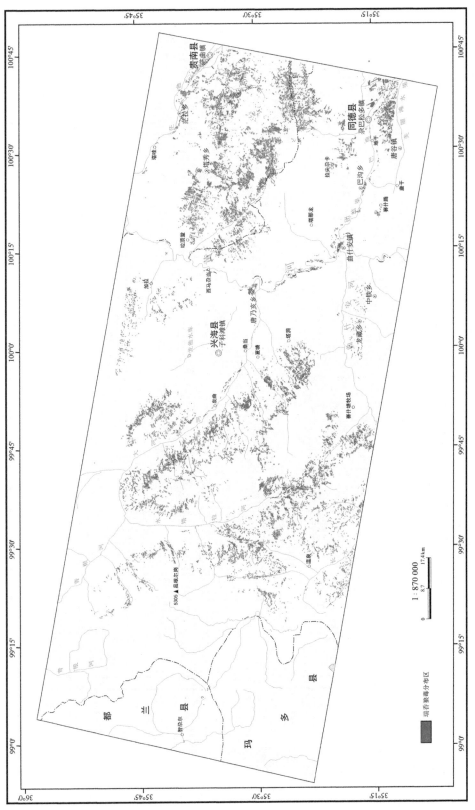

图 3-20　兴海样区瑞香狼毒分布图（2013 年）

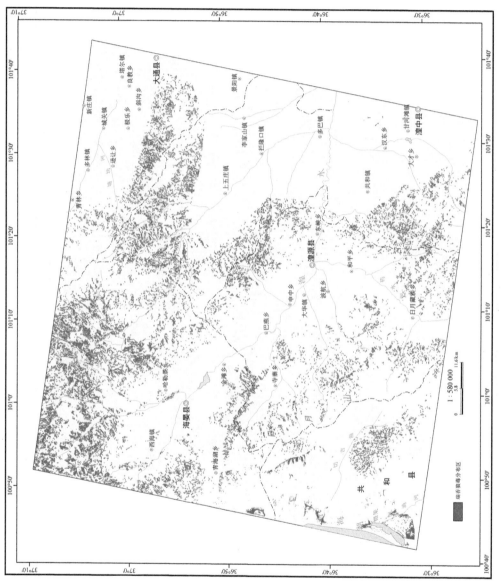

图 3-21 海晏样区瑞香狼毒分布图（2013 年）

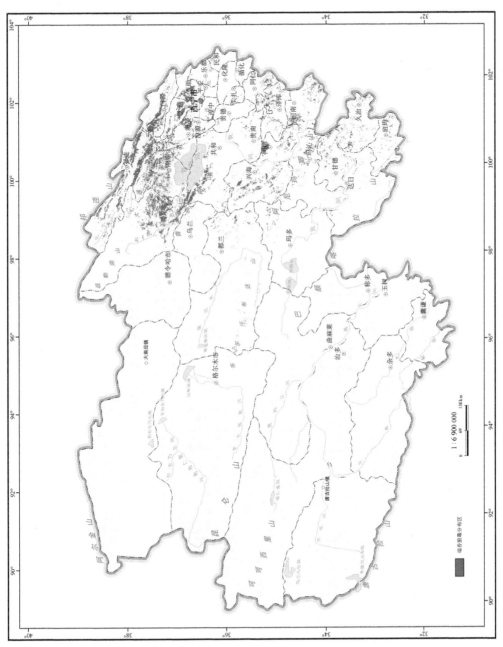

图 3-22 青海省端香狼毒分布图（2013 年）

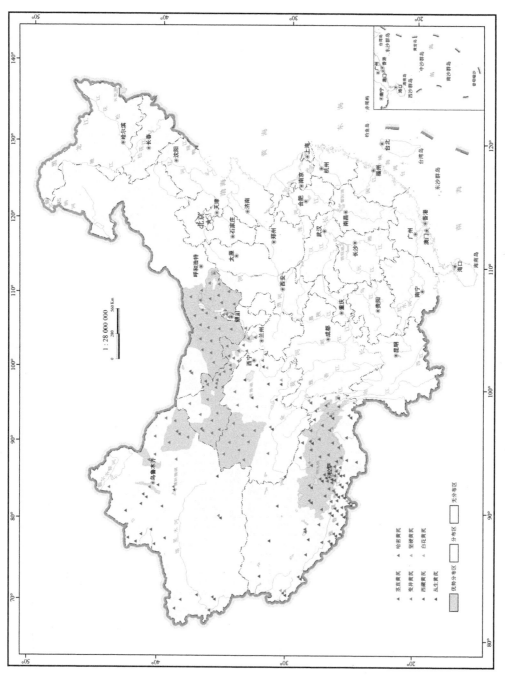

图 3-23 中国西部天然草地有毒黄芪分布图

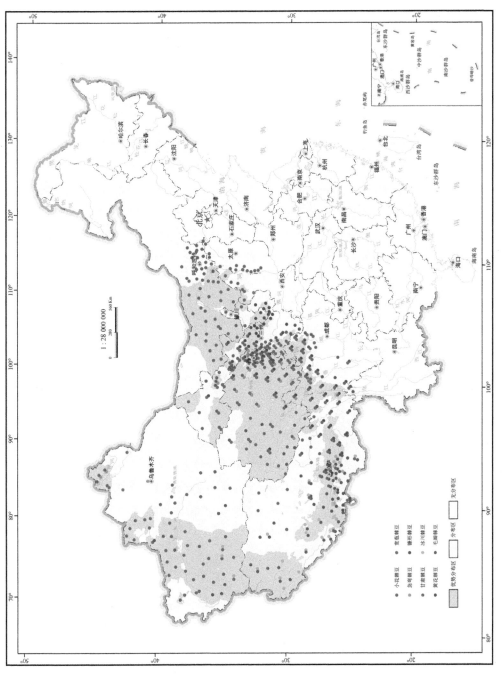

图 3-24　中国西部天然草地有毒棘豆分布图

图 3-25　中国西部天然草地牛心朴子分布图

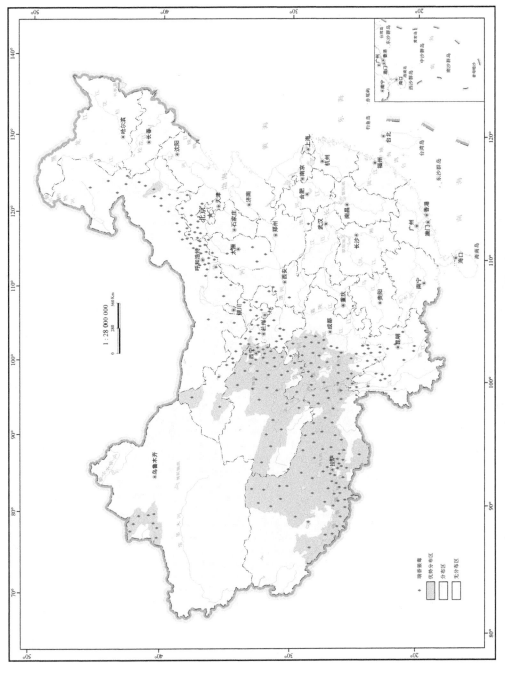

图 3-26　中国西部天然草地瑞香狼毒分布图

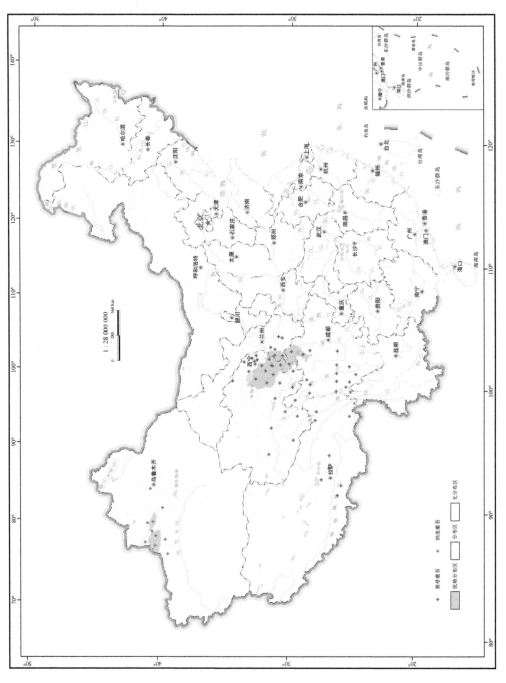

图 3-27　中国西部天然草地棘豆分布图

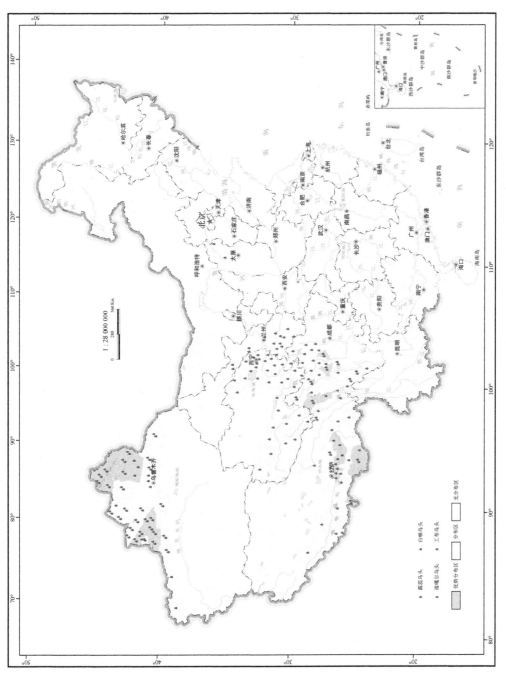

图 3-28　中国西部天然草地乌头分布图

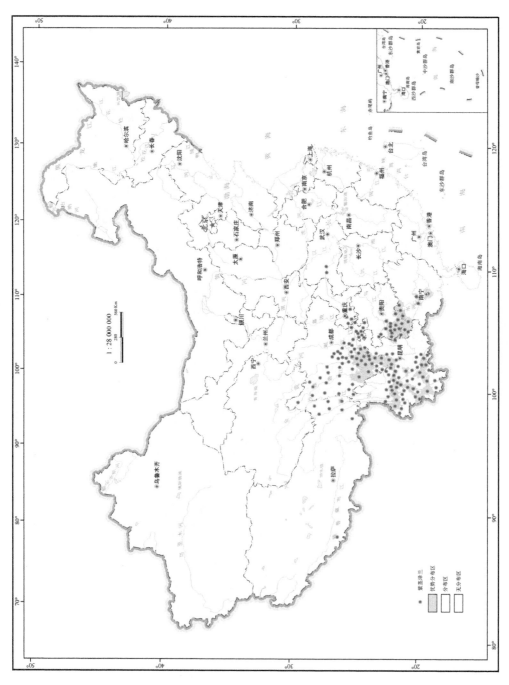

图 3-29 中国西部天然草地紫茎泽兰分布图

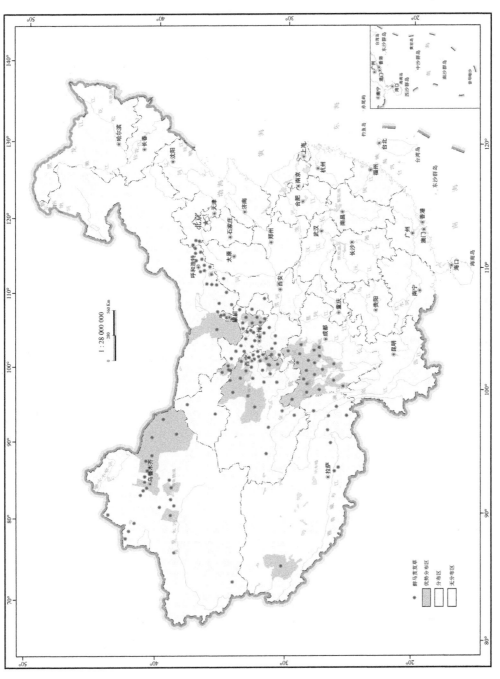

图 3-30　中国西部天然草地醉马草及芨草分布图

主要参考文献

白云龙, 1997. 内蒙古天然草原有毒植物综述 [J]. 内蒙古草业, (1): 13-20.

曹光荣, 李绍君, 段得贤, 等, 1989. 黄花棘豆有毒成分的分离与鉴定 [J]. 西北农业大学学报, 17 (3): 1-7.

曹光荣, 李绍君, 段得贤, 等, 1988. 黄花棘豆有毒成分的分析 [J]. 中国兽医科技, (3): 41-43.

曾英, 刘世贵, 1995. 青藏高寒草地常见有毒豆科植物 [J]. 四川草原, (1): 47-49.

柴来智, 郇庚年, 段舜山, 等, 1993. 甘肃省张掖地区天然草地主要有毒有害植物及其利用 [J]. 草业科学, (4): 22-28.

陈冀胜, 郑硕, 1987. 中国有毒植物 [M]. 北京: 科学出版社.

陈净彤, 2012. 新疆北部毒草种类与分布情况概述 [J]. 新疆畜牧业, (9): 39-41.

崔国盈, 王文秀, 张卫东, 2005. 乌鲁木齐市草原重要有毒草的分布、防除及利用 [J]. 中国野生植物资源, 24 (6): 33-34.

崔友文, 1959. 中国北部及西北部重要饲料植物和有毒植物 [J]. 北京: 高等教育出版社.

傅坤俊, 1992. 黄土高原植物志 (第二卷) [M]. 北京: 中国林业出版社.

傅坤俊, 2000. 黄土高原植物志 (第一卷) [M]. 北京: 科学出版社.

富象乾, 常秉文, 1985. 中国北部天然草原有毒植物综述 [J]. 中国草原与畜牧, 2 (3): 18-24.

高淑静, 孙启忠, 1992. 棘豆属有毒植物及其对家畜的危害 [J]. 牧草与饲料, (3): 30-33.

高新中, 邢亚亮, 刘旗, 2007. 山西草地有毒植物的分布及防除措施 [J]. 草业科学, 24 (10): 76-79.

谷安琳, 王庆国, 2013. 西藏草地植物彩色图谱 (第一卷) [M]. 北京: 中国农业科学技术出版社.

谷安琳, 王宗礼, 2012. 中国北方草地植物彩色图谱 (续编) [M]. 北京: 中国农业科学技术出版社.

谷安琳, 王宗礼, 2009. 中国北方草地植物彩色图谱 [M]. 北京: 中国农业科学技术出版社.

郭思加, 刘彩霞, 1997. 宁夏天然草地的有毒有害植物 [J]. 草业科学, 14 (6): 40-43.

郭思加, 邵生荣, 1981. 宁夏南部山区草场主要毒草黄花棘豆及其防除的调查研究 [J]. 宁夏农林科技, (1): 19-27.

郭文场, 刘颖, 1977. 几种危害牲畜的毒草 [J]. 植物杂志, (2): 25-27.

郭晓庄, 1992. 有毒中草药大辞典 [M]. 天津: 天津科技翻译出版公司.

郭亚洲, 张睿涵, 孙曒, 等, 2017, 甘肃天然草地毒草危害、防控与综合利用 [J]. 草地学报, 25 (2): 243-256.

郭郁频, 任永霞, 吕进英, 等, 1999. 河北省坝上地区天然草地主要有毒有害植物及其开发利用 [J]. 中国草地, (1): 41-45.

国家中医药管理局中华本草编委会, 1996. 中华本草 [M]. 上海: 上海科学技术出版社.

韩红英, 龙兴发, 杨秀全, 2006. 甘孜州天然草地主要有毒有害植物及其开发利用 [J]. 四川草原, (10): 30-34.

何静, 2015. 新疆阿勒泰地区毒害草的种群与分布 [D]. 乌鲁木齐: 新疆农业大学.

何树志, 黄国安, 2014. 大庆市区草原植物图谱 [M]. 呼和浩特: 内蒙古人民出版社.

何毅, 2001. 甘肃省天然草场有毒植物及防治 [J]. 中国草食动物, 3 (1): 30-31.

侯向阳，孙海群，2012．青海主要草地类型及常见植物图谱［M］．北京：中国农业科学技术出版社．

侯秀敏，2001．青海天然草地主要毒草现状及防除对策［J］．青海畜牧兽医杂志，31（2）：30-31．

胡延春，刘鹏，王建华，等，2009．四川省主要有毒植物的生态分布［J］．中国草地学报，31（1）：80-85．

黄有德，肖志国，孟聚诚，等，1992．变异黄芪有毒成分的分离与分析［J］．中兽医医药杂志，（4）：3-6．

纪亚君，王柳英，2004．青海草地棘豆属有毒植物的研究概况［J］．四川草原，（8）：10-12．

贾厚礼，姜林，2012．榆林种子植物［M］．西安：陕西科学技术出版社．

贾慎修，1955．中国草原的现状及改进（下）［J］．中国兽医杂志，（6）：248-257．

江苏新医学院，1977．中药大辞典［M］．上海：上海人民出版社．

姜佩英，1984．草地有毒有害植物［J］．中国草原与牧草，（4）：52-57．

匡瑜，干友民，成平，等，2010．红原天然草地有毒植物的化学防除［J］．草业科学，27（10）：91-95．

李春杰，南志标，张昌吉，等，2009．醉马草内生真菌对家兔的影响［J］．中国农业科技导报，11（2）：84-90．

李宏，陈卫民，陈翔，等，2010．新疆伊犁草原毒害草种类及其发生与危害［J］．草业科学，27（11）：171-173．

李宏，2012．伊犁草原生物灾害防治技术手册［M］．北京：化学工业出版社．

李宏斌，1985．陕西省天然草场有毒有害植物［J］．畜牧兽医杂志，（2）：17-18．

李建科，杨具田，潘和平，等，1987．家畜黄花棘豆、甘肃棘豆中毒的调查［J］．中国兽医科技，（5）：22-23．

李建廷，1998．甘肃草地病、毒草危害调查报告［J］．甘肃农业，（12）：22-23 李建廷

李津，2010．有毒动植物百科［M］．北京：北京联合出版公司．

李景如，1980．家畜小花棘豆中毒调查及诊断［J］．新疆农业科学，（4）：37-38．

李苗苗，吴炳方，颜长珍，等，2004．密云水库上游植被覆盖度的遥感估算．资源科学，26：153-159．

李勤凡，王建华，李蓉，等，2005．冰川棘豆生物碱分析及苦马豆素的分离、鉴定［J］．畜牧兽医学报，36（12）：1339-1343．

李小伟，孙坤，马瑞君，等，2003．甘南州天然草场有毒植物及其防治对策［J］．草业科学，20（10）：60-63．

李占武，努尔兰·哈斯木，吴莉，2009．新疆哈密草地有毒有害植物的分布及防治措施［J］．草食家畜，（1）：66-68．

李祚煌，关亚农，杨桂云，等，1991．小花棘豆中毒与硒关系的研究［J］．动物毒物学，6（1）：8-9．

李祚煌，关亚农，杨桂云，等，1978．醉马草（小花棘豆）中毒的调查和有毒成分的研究［J］．内蒙古畜牧兽医，（1）：1-18．

李祚煌，1994．家畜中毒及毒物检验［M］．北京：农业出版社．

林克忠，1988．山羊茎直黄芪中毒的调查［J］．中国兽医杂志，14（7）：14-16．

林启寿，1977．中草药成分化学［M］．北京：科学出版社．

林有润，韦强，谢振华，2010．有害植物［M］．广州：南方日报出版社．

蔺淑琚，1989．关于家畜食劲直黄芪中毒的探讨［J］．西藏畜牧兽医，（3）：39-41．

蔺淑琚，1990．西藏山南地区家畜茎直黄芪中毒的探讨［J］．中国兽医科技，（10）：33．

刘广全，王鸿喆，2012．西北农牧交错带常见植物图谱［M］．北京：科学出版社．

刘海原，1998．青海省黄花棘豆的分布、生物学特性及危害［J］．青海畜牧兽医杂志，（3）：31-34．

刘洪先, 1985. 四川西北天然草地有毒有害植物的分布及其防除方法 [J]. 四川草原, (3): 44-49.

刘建枝, 王保海, 2014. 青藏高原疯草研究 [M]. 郑州: 河南科学技术出版社.

刘媖心, 1985. 中国沙漠植物志 (第四卷) [M]. 北京: 科学出版社.

刘全儒, 2010. 常见有毒和致敏植物 [M]. 北京: 化学工业出版社.

刘晓学, 冯柯, 严杜建, 2015. 西藏天然草原有毒植物危害与防控技术研究进展 [J]. 中国草地学报, 37 (3): 104-110.

刘长仲, 2015. 草地保护学 (第二版) [M]. 北京: 中国农业大学出版社.

刘宗平, 2006. 动物中毒病学 [M]. 北京: 中国农业出版社.

卢琦, 王继和, 褚建民, 2012. 中国荒漠植物图鉴 [M]. 北京: 中国林业出版社.

鲁西科, 王俊彪, 卓嘎, 等, 1994. 西藏茎直黄芪生物学特性及危害调查 [J]. 西藏科技, (2): 1-4.

鲁西科, 旺久, 1982. 西藏乃东县家畜有毒紫云英中毒的调查 [J]. 兽医科技, 57 (5): 27-29.

马海波, 满峰琰, 马成夫, 等, 1999. 阿拉善左旗天然草地有毒植物及其防除 [J]. 内蒙古草业, (4): 35-40.

马海波, 吴雨俊, 马卫东, 1996. 阿拉善天然草地有毒植物 [J]. 草业科学, 13 (6): 49-52.

马玉寿, 徐海峰, 杨时海, 2012. 三江源区草地植物图集 [M]. 北京: 科学出版社.

穆罕默德. 阿不来提, 程宏伟, 1999. 马鬃山一带天然草地毒草变异黄芪及其危害现状的调查 [J]. 草业科学, 16 (1): 48-50.

内蒙古植物志编委会, 1992. 内蒙古植物志 (第二卷) [M]. 呼和浩特: 内蒙古人民出版社.

内蒙古植物志编委会, 1985. 内蒙古植物志 (第一卷) [M]. 呼和浩特: 内蒙古人民出版社.

宁夏农学院, 1976. 毒草马绊肠的防治 [J]. 宁夏农业科技, (5, 6): 28.

全国中草药汇编编写组, 1975. 全国中草药汇编 [M]. 北京: 人民卫生出版社.

任继周, 2014. 草业科学概论 [M]. 北京: 科学出版社.

任继周, 1959. 高山草原上常见的有毒植物及其清除 [J]. 甘肃农业大学学报, 81-80.

任继周, 1954. 西北草原上几种常见的毒草 [J]. 畜牧与兽医, (2): 56-60.

萨赫都拉. 霍曼, 1992. 醉马草及其防治 [J]. 草业科学, 9 (5): 36-37.

佘永新, 纪素玲, 田发益, 1997. 西藏天然草地主要毒草及其防除 [J]. 草业科学, 14 (2): 31-32.

石定燧, 1995. 草原毒害杂草及其防除 [M]. 北京: 中国农业出版社.

石书兵, 杨镇, 乌艳红, 等, 2013. 中国沙漠·沙地·沙生植物 [M]. 北京: 中国农业科学技术出版社.

史志诚, 尉亚辉, 2016. 中国草地重要有毒植物 (修订版) [M]. 北京: 中国农业出版社.

史志诚, 1996. 毒性灾害 [M]. 西安: 陕西科技出版社.

史志诚, 1982. 干旱草场上的棘豆及其危害 [J]. 西北农学院学报, (4): 20.

史志诚, 1998. 西藏 "醉马草" 研究 [J]. 动物毒物学, 13 (1, 2): 10-11.

史志诚, 1990. 植物毒素学 [M]. 杨陵: 天则出版社.

史志诚, 1992. 植物毒素研究的新进展 [J]. 动物毒物学, 7 (2): 1-3.

史志诚, 1997. 中国草地重要有毒植物 [M]. 中国农业出版社.

宋岩岩, 赵宝玉, 路浩, 等, 2012, 急弯棘豆生物碱成分薄层色谱分析及苦马豆素分离 [J]. 西北农业学报, 21 (7): 25-29

苏进才, 1990. 家畜小花棘豆中毒病的诊断和防治 [J]. 中国兽医科技, (3): 29-30.

孙承业, 2013. 有毒生物 [M]. 北京: 人民卫生出版社.

孙健, 李进, 彭子模, 2004. 新疆有毒植物资源研究 [J]. 新疆师范大学学报 (自然科学版), 23

（3）：60-70.

孙启忠，高淑静，1993. 疯草与家畜疯草中毒［J］. 草与畜杂志，（1）：32-34.

谭成虎，2006. 甘肃天然草原主要毒草分布、危害及其防治对策［J］. 草业科学，23（12）：98-
　101.

谭承建，董强，赵宝玉，等，2005. 民勤县天然草地毒草调查与防治［J］. 草业科学，22（3）：
　86-89.

陶定章，李仲珊，1986. 宁夏南华山马场家畜黄花棘豆中毒的调查［J］. 中国兽医科技，（4）：7-8.

万国栋，胡发成，周顺成，1996. 武威地区天然草地有毒植物及其防除［J］. 草业科学，13（1）：4-7.

王洪章，段得贤，1985. 家畜中毒学［M］. 北京：农业出版社.

王建华，1989. 沙打旺饲喂畜禽的安全性探讨［J］. 畜牧兽医杂志，（4）：37-40.

王建华，2002. 动物中毒病及毒理学［M］. 台北：台湾中草药杂志社出版.

王建华，2012. 兽医内科学［M］. 北京：中国农业出版社.

王敬龙，王保海，2013. 西藏草地有毒植物［M］. 郑州：河南科学技术出版社.

王凯，曹光荣，段得贤，等，1990. 黄花棘豆对山羊的毒性研究［J］. 畜牧兽医学报，21（1）：
　80-86.

王凯，1998. 绵羊苦马豆中毒调查和诊断［J］. 中国兽医科技，28（5）：36-37.

王力，高杉，周俗，等，2006. 青藏高原东南部天然草地主要有毒植物调查研究［J］. 西北植物学
　报，26（7）：1428-1435.

王鲁，许乐仁，2002. 我国几大有毒植物造成家畜灾害性疾病的研究概况［J］. 中国兽医杂志，
　38（4）：26-28.

王民桢，1987. 新疆放牧家畜有毒植物中毒的初步调查［J］. 中国兽医科技，（9）：10-12.

王强，2002. 常用中草药手册［M］. 福州：福建科学技术出版社.

王树森，高成德，金花，等，2004. 杭锦旗有毒植物资源及其开发利用前景分析［J］. 华北农学报，
　19（S1）36-39.

王晓宇，赵萌莉，卢萍，等，2007. 内蒙古棘豆属有毒植物及其对家畜的危害［J］. 畜牧与饲料科
　学，（4）：51-53.

王迎新，王召锋，程云湘，等，2014. 浅议毒害草在草地农业生态系统中的作用［J］. 草业科学，
　31（3）：381-387.

王志明，岳民勤，2000. 岷县草地牧草病害、有毒植物危害情况的调查［J］. 草原与草坪，（3）：
　41-43.

王宗礼，孙启忠，常秉文，2009. 草原灾害［M］. 北京：中国农业出版社.

吴素琴，刘华，张宇，等，2006. 宁夏天然草原有毒有害植物调查报告［J］. 宁夏农林科技，（1）：
　39-42.

吴征镒，1987. 西藏植物志（第五卷）［M］. 北京：科学出版社.

武宝成，1988. 西藏的黄芪属有毒植物及其防除［J］. 中国草地，（5）：22-23.

西北植物研究所编，1992. 黄土高原植物志（第二卷）［M］. 北京：中国林业出版社.

夏丽英，2005. 现代中草药毒理学［M］. 天津：天津科技翻译出版公司.

夏丽英，2006. 中药毒性手册［M］. 呼和浩特：内蒙古科学技术出版社.

肖志国，黄有德，程雪峰，等，1990. 绵羊实验性棘豆草中毒［J］. 甘肃畜牧兽医，（3）：5-6.

肖志国，王生奎，黄有德，等，1994. 绵羊实验性变异黄芪中毒［J］. 草与畜杂志，（1）：7-9.

新疆植物志编辑委员会，1993. 新疆植物志（第一卷）［M］. 乌鲁木齐：新疆科技卫生出版社.

新疆植物志编辑委员会，1995. 新疆植物志（第二卷）［M］. 乌鲁木齐：新疆科技卫生出版社.

邢福，刘卫国，王成伟，2001. 中国草地有毒植物研究进展［J］. 中国草地，23（5）：56-61.

许国成，谭成虎，2013. 甘肃草原毒草危害现状及防治对策［J］. 中国畜牧业，（4）：54-55.

严杜建，周启武，路浩，等，2015. 新疆天然草地毒草灾害分布与防控对策［J］. 中国农业科学，48（3）：565-582.

于兆英，杨金祥，史志诚，1981. 栎属有毒植物的分类、分布及其对家畜的危害［J］. 西北植物研究，1（2）：38-45.

于兆英，1984. 优良牧草及有毒植物［M］. 西安：陕西科学技术出版社.

余永涛，刘志滨，赵兴华，等，2006. 毛瓣棘豆中苦马豆素的纯化与鉴定［J］. 畜牧与兽医，38（5）：1-3.

张春林，1994. 中国棘豆属有毒植物的分种检索［J］. 动物毒物学，9（1）：7-8.

张光荣，夏光成，2006. 有毒中草药彩色图鉴［M］. 天津：天津科技翻译出版公司.

张睿涵，郭亚洲，达能太，等，2017. 天然草地醉马芨芨草分布、毒性及防治利用研究进展［J］. 中国草地学报，39（3）：96-101.

张生民，高其栋，侯德慧，等，1981. 甘肃棘豆中毒［J］. 畜牧兽医学报，12（3）：145-149.

赵宝玉，曹光荣，段得贤，等，1992. 西藏茎直黄芪对山羊的毒性研究［J］. 畜牧兽医学报，23（3）：276-280.

赵宝玉，曹光荣，李绍君，等，1993. 劲直黄芪有毒成分的分离与鉴定［J］. 中国兽医科技，23（9）：9-12.

赵宝玉，刘忠艳，万学攀，等，2008. 中国西部草地毒草危害及治理对策［J］. 中国农业科学，41（10）：3094-3103.

赵宝玉，王保海，莫重辉，等，2011. 西藏阿里地区牲畜冰川棘豆中毒灾害状况调查［J］. 西北农业学报，20（4）：40-46.

赵宝玉，2001. 疯草（甘肃棘豆）生物碱系统分析及其毒性的比较病理学研［D］. 杨凌：西北农林科技大学.

赵宝玉，2016. 中国天然草地有毒有害植物名录［M］. 北京：中国农业科学技术出版社.

赵宝玉，2015. 中国重要有毒有害植物名录［M］. 北京：中国农业科学技术出版社.

赵德云，张清斌，李捷，等，1997. 新疆天然草地有毒植物及其防除与利用［J］. 草业科学，14（4）：2-4.

中国科学院广西植物研究所，2005. 广西植物志［M］. 南宁：广西科学技术出版社.

中国科学院华南植物园，2009. 广东植物志［M］. 北京：科学出版社.

中国科学院昆明植物研究所，2006. 云南植物志［M］. 北京：科学出版社.

中国科学院青藏高原综合考察队，1985. 西藏植物志（第二卷）［M］. 北京：科学出版社.

中国科学院西北高原生物研究所，1997. 青海植物志（第一卷）［M］. 西宁：青海省人民出版社.

中国科学院西北高原生物研究所，1999. 青海植物志（第二卷）［M］. 西宁：青海省人民出版社.

中国科学院植物研究所，1972. 中国高等植物图鉴（第二册）［M］. 北京：科学出版社.

中国科学院中国植物志编辑委员会，1993. 中国植物志（第四十二卷，第一分册）［M］. 北京：科学出版社.

中国科学院中国植物志编辑委员会，2004. 中国植物志［M］. 北京：科学出版社.

中国数字植物标本馆，http://www.cvh.org.cn

中国植物图像库，http://www.plantphoto.cn

中国植物物种信息数据库，http://www.botanica.cn

中国植物志电子版查询系统，http://frps.eflora.cn

中华人民共和国农业部，2013. 2011 中国草原发展报告［M］. 北京：中国农业出版社.

中科院兰州沙漠研究所，1985. 中国沙漠植物志（第一卷）［M］. 北京：科学出版社.

周启武，赵宝玉，路浩，等，2013. 中国西部天然草地疯草生态及动物疯草中毒研究与防控现状［J］. 中国农业科学，46（6）：1280-1296.

周淑清，黄祖杰，赵磊，等，2008. 内蒙古西部区草原主要毒草灾害现状与防灾减灾策略［J］. 草原与草业，20（2）：1-4.

Barling RD, Moore I.D, Grayson RB, 1994.A quasi-dynamic wetness index for characterizing the spatial distribution of zones of surface saturation and soil water content[J].Water Resource Research, 30: 1029-1044.

Gutman G, Ignatov A, 1998. The derivation of the green vegetation fraction from NOAA/AVHRR data for use in numerical weather prediction models[J].International Journal of Remote sensing, 19(8): 1533-1543.

Li JZ, Liu Y M, Mo CH, et al, 2016. IKONOS Image-Based Extraction of the Distribution Area of Stellera chamaejasme L. in Qilian County of Qinghai Province, China[J].Remote Sensing, 8(148): 1-15.

Tucker CJ, 1979. Red and photographic infrared linear combinations for monitoring vegetation[J]. Remote Sensing of Environment, 8: 127-150.

Woods R.A, Sivapalan M, Robinson JS, 1997.Modeling the spatial variability of subsurface runoff using a topographic index[J].Water Resource Research, 33 (5): 1061-1073.

附录一：中国西部天然草地主要毒害草地理分布 GPS 标记图

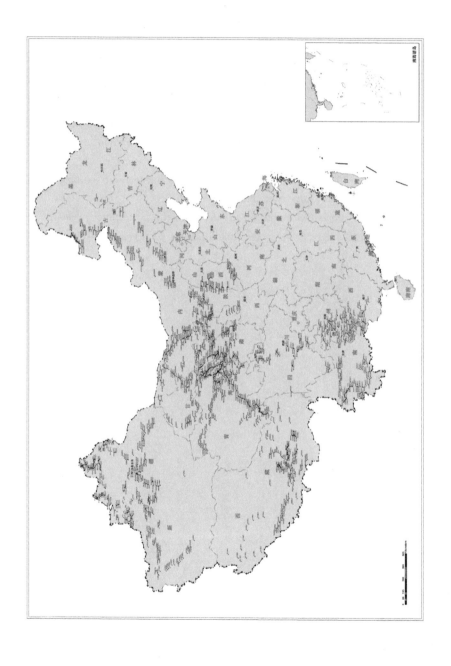

附录二：中国西部天然草地主要毒害草群落彩色图谱

瑞香狼毒群落（魏朔南摄于青海海晏）

瑞香狼毒群落（魏朔南摄于西藏拉孜）

小花棘豆群落（魏朔南摄于新疆轮台）

甘肃棘豆群落（赵宝玉摄于青海祁连）

甘肃棘豆群落（魏朔南摄于青海刚察）

镰形棘豆群落（赵宝玉摄于青海刚察）

黄花棘豆群落（魏朔南摄于青海湟中）

黄花棘豆群落（赵宝玉摄于甘肃天祝）

茎直黄芪群落（魏朔南摄于西藏萨嘎）

茎直黄芪群落（魏朔南摄于西藏昂仁）

茎直黄芪群落（赵宝玉摄于西藏仲巴）

醉马芨芨草群落（赵宝玉摄于新疆昌吉州阿什里）

醉马芨芨草群落（魏朔南摄于新疆乌鲁木齐萨尔达坂）

醉马芨芨草群落（魏朔南摄于新疆乌鲁木齐萨尔达坂）

黄帚橐吾群落（赵宝玉摄于青海泽库）

白喉乌头群落（赵宝玉摄于新疆尼勒克）